中国特色高水平高职学校项目建设成果
人才培养高地建设子项目改革系列教材

Arduino 应用与实践

王远飞◎主　编
邵　然　高　昊◎副主编
王永强◎主　审

中国铁道出版社有限公司
CHINA RAILWAY PUBLISHING HOUSE CO., LTD.

内 容 简 介

本书以 Arduino 为核心构建了 7 个项目，涉及 OLED 显示屏、串行通信、传感器检测、全彩 LED、ZigBee 及蓝牙无线通信应用等。书中以各技术在行业中典型应用为载体，采用"项目导向、任务驱动"编写模式，将教学内容与职业能力对接、单元项目与工作任务对接，培养学生岗位职业能力，提升其 Arduino 技术等工程应用与实践能力。

本书是新形态一体化教材，配有微课视频、PPT 等资源，使学生可随时、主动、反复学习相关内容。

本书适合作为普通高等学校和职业技术院校电子信息工程技术、物联网应用技术等电子信息大类相关专业 Arduino 课程教材，也可作为相关工程技术人员参考用书。

图书在版编目（CIP）数据

Arduino 应用与实践／王远飞主编 . —北京：中国铁道出版社有限公司，2022.6

中国特色高水平高职学校项目建设成果．人才培养高地建设子项目改革系列教材

ISBN 978-7-113-28988-1

Ⅰ. ①A… Ⅱ. ①王… Ⅲ. ①单片微型计算机-程序设计-高等职业教育-教材 Ⅳ. ①TP368.1

中国版本图书馆 CIP 数据核字（2022）第 044972 号

书　　名：	**Arduino 应用与实践**
作　　者：	王远飞

策　　划：	祁　云	编辑部电话：(010)63549458	
责任编辑：	祁　云　绳　超		
封面设计：	郑春鹏		
责任校对：	孙　玫		
责任印制：	樊启鹏		

出版发行：中国铁道出版社有限公司（100054，北京市西城区右安门西街 8 号）
网　　址：http://www.tdpress.com/51eds/
印　　刷：三河市宏盛印务有限公司
版　　次：2022 年 6 月第 1 版　2022 年 6 月第 1 次印刷
开　　本：850 mm×1 168 mm　1/16　印张：11.75　字数：260 千
书　　号：ISBN 978-7-113-28988-1
定　　价：34.00 元

版权所有　侵权必究

凡购买铁道版图书，如有印制质量问题，请与本社教材图书营销部联系调换。电话：(010)63550836
打击盗版举报电话：(010)63549461

中国特色高水平高职学校项目建设系列教材编审委员会

顾　问:	刘　申	哈尔滨职业技术学院党委书记、院长
主　任:	孙百鸣	哈尔滨职业技术学院副院长
副主任:	金　淼	哈尔滨职业技术学院宣传（统战）部部长
	杜丽萍	哈尔滨职业技术学院教务处处长
	徐翠娟	哈尔滨职业技术学院电子与信息工程学院院长
委　员:	黄明琪	哈尔滨职业技术学院马克思主义学院院长
	栾　强	哈尔滨职业技术学院艺术与设计学院院长
	彭　彤	哈尔滨职业技术学院公共基础教学部主任
	单　林	哈尔滨职业技术学院医学院院长
	王天成	哈尔滨职业技术学院建筑工程与应急管理学院院长
	于星胜	哈尔滨职业技术学院汽车学院院长
	雍丽英	哈尔滨职业技术学院机电工程学院院长
	张明明	哈尔滨职业技术学院现代服务学院院长
	朱　丹	中嘉城建设计有限公司董事长、总经理
	陆春阳	全国电子商务职业教育教学指导委员会常务副主任
	赵爱民	哈尔滨电机厂有限责任公司人力资源部培训主任
	刘艳华	哈尔滨职业技术学院汽车学院党总支书记
	谢吉龙	哈尔滨职业技术学院机电工程学院党总支书记
	李　敏	哈尔滨职业技术学院机电工程学院教学总管
	王永强	哈尔滨职业技术学院电子与信息工程学院教学总管
	张　宇	哈尔滨职业技术学院高建办教学总管

序

中国特色高水平高职学校和专业建设计划(简称"双高计划")是我国为建设一批引领改革、支撑发展、中国特色、世界水平的高等职业学校和骨干专业(群)的重大决策建设工程。哈尔滨职业技术学院入选"双高计划"建设单位,对学院中国特色高水平学校建设进行顶层设计,编制了站位高端、理念领先的建设方案和任务书并扎实开展了人才培养高地、特色专业群、高水平师资队伍与校企合作等项目建设,借鉴国际先进的教育教学理念,开发中国特色、国际水准的专业标准与规范,深入推动"三教改革",组建模块化教学创新团队,实施"课程思政",开展"课堂革命",校企双元开发的活页式、工作手册式、新形态教材。为适应智能时代先进教学手段应用,学校加大优质在线资源的建设,丰富教材的信息化载体,为开发工作过程为导向的优质特色教材奠定基础。

按照教育部印发的《职业院校教材管理办法》要求,教材编写总体思路是:依据学校双高建设方案中教材建设规划、国家相关专业教学标准、专业相关职业标准及职业技能等级标准,服务学生成长成才和就业创业,以立德树人为根本任务,融入课程思政,对接相关产业发展需求,将企业应用的新技术、新工艺和新规范融入教材之中。教材编写遵循技术技能人才成长规律和学生认知特点,适应相关专业人才培养模式创新和课程体系优化的需要,注重以真实生产项目、典型工作任务及典型工作案例等为载体开发教材内容体系,实现理论与实践有机融合。

本套教材是哈尔滨职业技术学院中国特色高水平高职学校项目建设的重要成果之一,也是哈尔滨职业技术学院教材建设和教法改革成效的集中体现,教材体例新颖,具有以下特色:

第一,教材研发团队组建创新。按照学校教材建设统一要求,遴选教学经验丰富、课程改革成效突出的专业教师任主编,选取了行业内具有一定知名度的企业作为联合建设单位,形成了一支学校、行业、企业和教育领域高水平专业人才参与的开发团队,共同参与教材编写。

第二,教材内容整体构建创新。精准对接国家专业教学标准、职业标准、职业技能等级标准确定教材内容体系,参照行业企业标准,有机融入新技术、新工艺、新规范,构建基于职业岗位工作需要的体现真实工作任务、流程的内容体系。

第三,教材编写模式形式创新。与课程改革相配套,按照"工作过程系统化""项目+任务式""任务驱动式""CDIO式"四类课程改革需要设计四大教材编写模式,创新新形态、活页式及工作手册式教材三大编写形式。

第四,教材编写实施载体创新。依据本专业教学标准和人才培养方案要求,在深入企业调研、岗位工作任务和职业能力分析基础上,按照"做中学、做中教"的编写思路,以企业典型工作任务为载体进行教学内容设计,将企业真实工作任务、真实业务流程、真实生产过程纳入教材之中,并开发了教学内容配套的教学资源,满足教师线上线下混合式教学的需要,本套教材配套资源同时在相关平台上线,可随时下载相应资源,满足学生在线自主学习课程的需要。

第五,教材评价体系构建创新。从培养学生良好的职业道德和综合职业能力与创新创业能力出发,设计并构建评价体系,注重过程考核和学生、教师、企业等参与的多元评价,在学生技能评价上借助社会评价组织的1+X考核评价标准和成绩认定结果进行学分认定,每种教材均根据专业特点设计了综合评价标准。

为确保教材质量,学院组成了中国特色高水平高职学校项目建设系列教材编审委员会,教材编审委员会由职业教育专家和企业技术专家组成,同时聘用企业技术专家指导。学校组织了专业与课程专题研究组,对教材持续进行培训、指导、回访等跟踪服务,有常态化质量监控机制,能够为修订完善教材提供稳定支持,确保教材的质量。

本套教材是在学校骨干院校教材建设的基础上,经过几轮修订,融入课程思政内容和课堂革命理念,既具积累之深厚,又具改革之创新,凝聚了校企合作编写团队的集体智慧。本套教材的出版,充分展示了课程改革成果,为更好地推进中国特色高水平高职学校项目建设做出积极贡献!

哈尔滨职业技术学院
中国特色高水平高职学校项目建设系列教材编审委员会
2021年8月

前言

Arduino 包含一套硬件和软件的交互制作平台,具有开发方式高效、开源免费等特点,使得开发者更关注于创意与实现,更快地完成项目开发,大大节约学习成本,缩短开发周期。正因如此,目前在全球有数以万计的电子工程师、爱好者使用 Arduino 开发项目和电子产品。本书以 Arduino 为核心,以企业需求和项目设计过程为项目任务主线,校企合作共同进行教材的开发和编写。在国家职业教育"三教"改革背景下,结合编者多年的教学与工程实践经验,从项目选取、任务设计、内容重构等方面体现了职业教育"教、学、做"一体化特色,保证了教学内容的科学性、先进性、前沿性,融入了课程思政内容,实现了教学内容与岗位职业能力有效衔接。

本书具有以下特色:

(1)校企合作选取典型应用项目。本书联合华夏天信传感科技(大连)有限公司高级工程师共同开发,充分发挥校企合作优势,以企业项目开发工作实际和工作岗位职能认知优势,确定典型应用项目,设计典型工作任务。

(2)参照行业、企业职业标准,对接岗位需求。本书在编写过程中参照电子信息类行业、企业职业标准,融入新知识、新技术、新方法、新规范,将所从事行业应具备的职业能力、职业素养融入工作任务学习,培养岗位群所需职业能力、职业素养,驱动创新型、高素质技术技能型人才培养。

(3)配套丰富的立体化资源,提升课堂教学效果。通过配套丰富的微课视频、PPT 教案、工具包、程序代码等资源,满足学生多样化学习需求,推动职业教育教材改革创新。

本书从典型应用项目出发,设计了 7 个项目,包括 OLED 显示屏、串行通信、传感器检测、全彩 LED、ZigBee 及蓝牙无线通信应用等内容,参考学时约为 52 学时,教师可根据具体教学情况酌情增减。

本书由王远飞任主编,邵然、高昊任副主编。其中,王远飞负责确定本书的编写思路、大纲总体策划及统稿,并负责编写项目 1、项目 2、项目 5、项目 6,邵然负责编写项目 3、项目 4,高昊负责编写项目 7。本书由王永强主审。

在此，特别感谢哈尔滨职业技术学院中国特色高水平高职学校项目建设系列教材编审委员会给予教材编写的指导和大力帮助。

由于编者水平有限，书中难免有不妥之处，恳请广大读者批评指正。

编 者

2022 年 1 月

目 录

项目 1　控制花样闪烁灯 1

　　任务 1　搭建 Arduino 开发环境 2
　　任务 2　控制 1 盏 LED 闪烁 10

项目 2　设计 OLED 电子广告屏 22

　　任务 1　加载 Arduino 第三方库 22
　　任务 2　显示 OLED 屏广告 33

项目 3　设计夜视电子门铃 44

　　任务 1　编写蜂鸣器控制程序 44
　　任务 2　实现夜视电子门铃 61

项目 4　开发智能终端数据上传系统 73

　　任务 1　编写串行通信驱动 74
　　任务 2　实现智能终端数据上传系统 86

项目 5　设计多功能环境监测器 94

　　任务 1　编写水分、光照数据采集程序 94
　　任务 2　编写温湿度数据采集程序 102
　　任务 3　实现多功能环境监测器功能 109

项目 6　开发远程无线呼叫系统 120

　　任务 1　编写 ZigBee 无线通信程序 120
　　任务 2　调试无线呼叫系统 128

项目 7　设计智能蓝牙门锁 153

　　任务 1　开发 Arduino 蓝牙驱动 153
　　任务 2　调试智能蓝牙门锁系统 159

附录 A　图形符号对照表 177

参考文献 178

项目 1
控制花样闪烁灯

项目导入

生活中有许多由LED(发光二极管)组成的电子产品应用案例,比如,店面的招牌,广场、房间等空间的灯光美化。LED的应用为人们的生活增添了绚丽的色彩。

现有某商家决定制作LED广告招牌用于店面宣传推广,并要求交付软件、硬件,以利于今后修改LED显示状态。你作为电子设计公司技术人员,请按照商家需求使用Arduino快速搭建开发环境,完成LED闪烁控制硬件电路设计及程序开发。

学习目标

(1)能够正确安装Arduino集成开发环境(IDE)。

(2)熟练配置Arduino硬件型号端口。

(3)熟练配置编辑器语言、显示行号、编辑器字体大小等系统设置。

(4)能够查看、分析程序代码编译信息提示。

(5)熟练编译、下载程序代码到Arduino硬件。

(6)能够正确分析LED硬件电路。

(7)能够编写控制多个LED闪烁的程序代码。

(8)遵守程序代码书写规范,并能够详细注释程序代码。

项目实施

任务 1　搭建 Arduino 开发环境

任务解析

学生通过完成本任务,应能够下载并安装 Arduino 软件,进行 Arduino 软件开发环境设置。

知识链接

Arduino 简介

1. 认识 Arduino

Arduino 是一种便捷灵活、方便上手的开源电子设计平台,将硬件(多种型号的 Arduino 开发板)和软件开发环境(Arduino IDE)结合在一起形成了一个完整的软硬件平台,该平台包括一块具备 I/O 功能的电路板以及一套程序开发环境软件,于 2005 年问世。由于它开源、易入门的特性,目前已被广泛应用于电子设计当中。

开发者可以使用 Arduino(见图 1-1)与其他电子元件或设备交互,它可以读取开关、传感器等信号,控制显示器件、电机和其他各式各样的物理设备或者与其他智能设备进行信息传递,如可调电阻器、各式各样的传感器、显示器、电机等。

图 1-1　Arduino UNO REV3

Arduino 诞生的初衷是让电子设计爱好者能够快速地通过它来学习电子和传感器的基础知

识,并应用到他们的设计当中。希望他们在设计过程中更关注想法和创意,减少对于硬件如何工作、硬件电路如何构成等问题的时间投入。同时,Arduino 开发者公开了硬件设计图与程序编码,他们规定任何人都可以复制、重新设计甚至出售 Arduino 开发板,也因为这样的想法与理念,使 Arduino 迅速在硬件设计行业广受大家的欢迎。用 Arduino 制作的作品可以感知触摸、声音、位置或发出声音、光亮等。Arduino 使得任何对它感兴趣的人,包括没有编程或电子技术经验的人能够使用这种丰富且强大的技术。

Arduino 板上有一个标准的微控制器,通过使用可编程的输入、输出引脚与周围的世界互动,也可以通过 USB 接口、扩展接口(Wi-Fi、蓝牙等)与计算机方便地进行通信。Arduino 软件开发环境可以进行编写、修改、编译和上传 Arduino 源代码到开发板,同时把许多技术人员开发的微控制器程序打包到 Arduino 特有命令库中,极大地简化了程序代码的开发,可直接用于每一个为 Arduino 而编写的程序框架中,非常容易使用和理解。

Arduino 体现了开放设计、共同建设、相互合作的理念。全部的设计文件、原理图和软件,可以免费获得、下载、使用、修改、改造甚至转售它们,无须购买版权,无须申请许可权,但是 Arduino 原型版的版权归 Arduino 团队所有。Arduino 团队唯一拥有的是"Arduino"商标,使用该商标需向 Arduino 团队支付费用。自由和免费使得 Arduino 吸引了更多设计人员加入 Arduino 中来,确保了由 Arduino 平台衍生出的创新灵感,在更有想象力的设计上有用武之地。

Arduino 具有如下特色:

(1)开源硬件电路设计图和程序开发接口、免费的程序开发环境;

(2)可依据设计需求进行电路裁剪并免费使用;

(3)将微控制器(单片机)程序进行封装,使用简单语句完成部分常用程序功能,简化微控制器程序编写入门难度;

认识Arduino

(4)可使用 ISCP 在线烧录器将 Bootloader 写入新的微控制器;

(5)设计了多种外围电路接口,方便连接外围器件、与其他智能设备交互等;

(6)使用了价格低廉的微控制器(ATmega8/168/328);

(7)具备 USB 接口,通过 IDE 可以直接进行编程、编译、烧录;

(8)可以通过 Arduino Cloud 开发程序代码并部署小型物联网工程。

Arduino 团队建立了公开的 Arduino 网站,包含硬件、软件、线上云、开发文档等内容,以便于使用者了解、使用、购买 Arduino。同时,得益于创客、小发明爱好者、DIY 爱好者的兴起,Arduino 网站得到了飞速发展,通过入门教程、开发代码和库、设计新硬件项目、教授实践课程、分享他们制作的项目等方式,在方便使用者了解 Arduino 的同时,也为 Arduino 平台做出了贡献。

Arduino 中文网站网址:https://www.arduino.cn/,可了解 Arduino、学习 Arduino 教程、参与讨论、开源项目等。

Arduino 官方网站(英文)网址:https://www.arduino.cc/,包含 Arduino 相关内容,如语法参考、购买、了解更新、开源项目等。

2. Arduino 集成开发环境(IDE)

Arduino 集成开发环境(IDE)是用来编写、编译程序代码,下载 Arduino 可执行程序到硬件开发板并带有其他辅助功能的专用软件,如图 1-2 所示。

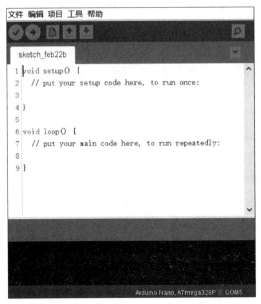

图 1-2　Arduino 开发环境

1)认识开发环境

Arduino 开发环境的主界面如图 1-3 所示。

图 1-3　Arduino 开发环境的主界面

(1)程序编辑区位于开发环境的中间区域,用于编写、显示 Arduino 程序代码。

(2)信息提示区位于最下方,用来显示程序编译、下载等运行情况。

(3)开发环境上方区域包含菜单栏及工具栏,用来完成软件的基本操作,包括保存、编译程序、调用示例程序、编译及上传程序等。

2) Arduino 程序开发语言

Arduino 提供了实现 Processing/Wiring 语言的开发环境，Arduino 语言基于 Wiring 语言开发(类似于 C/C++语言)，是对 AVRGCC 库的二次封装，不需要太多的单片机基础、编程基础。Arduino 开发团队开发了标准的 Arduino 库，提供了简单的专门函数集合，使得为 Arduino 开发板编程变得尽可能简单。Arduino 库包括关键字、操作符、声明和函数等。

初次打开 Arduino 开发环境时有两个函数:setup()和 loop()。setup()函数通常称为初始化设置函数，功能是只在 Arduino 板上电时运行一次 setup()函数内部程序代码。因此，通常将一些基本的设置放在 setup()函数中。loop()函数的功能是 Arduino 开发板工作期间不断重复运行其函数内部程序代码，通常将需要不断重复运行的程序代码放在此函数内部。Arduino 开发环境如图 1-4 所示。

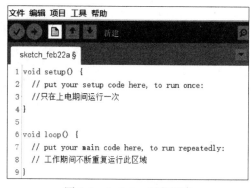

图 1-4　Arduino 开发环境

Arduino 的优点之一是开发环境提供了大量的基础函数，涉及 I/O 控制、时间函数、数学函数等，使用者可通过这些函数进行程序编写，快速上手。

任务实施前必须准备好表 1-1 所列设备和资源。

表 1-1　设备清单表

序号	设备/资源名称	数量
1	Arduino IDE 开发环境安装包	1
2	驱动程序	1

要完成本任务，可以将实施步骤分成以下几步：

(1)下载 Arduino 集成开发环境。

(2)安装 Arduino 集成开发环境。

(3)汉化设置。

(4)安装驱动程序。

具体实施步骤如下：

1. 下载 Arduino 集成开发环境

登录 https://www.arduino.cc/en/software 下载最新的适用于不同操作系统的 Arduino 软件版本，如图 1-5、图 1-6 所示。

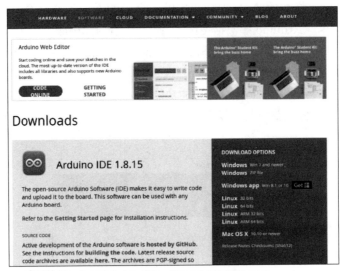

图 1-5　Arduino 开发环境下载页面

图 1-6　Arduino 开发环境下载

当需要下载以前的版本时，需要单击 Previous Release，如图 1-7 所示。光标下移即可看到版本选择界面。

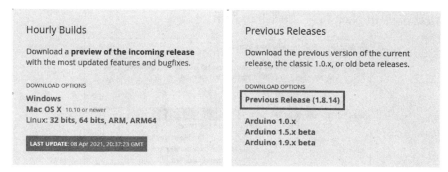

图 1-7　历史版本选项

单击 Windows 获取一个压缩包，单击 Windows Installer 获取一个 . exe 安装文件，如图 1-8 所示。

1.8.7	Windows Windows Installer	MAC OS X	Linux 64 Bit Linux ARM 32 Linux ARM 64	Source code on Github
1.8.6	Windows Windows Installer	MAC OS X	Linux 32 Bit Linux 64 Bit Linux ARM	Source code on Github
1.8.5	Windows Windows Installer	MAC OS X	Linux 32 Bit Linux 64 Bit Linux ARM	Source code on Github
1.8.4	Windows Windows Installer	MAC OS X	Linux 32 Bit Linux 64 Bit Linux ARM	Source code on Github
1.8.3	Windows Windows Installer	MAC OS X	Linux 32 Bit Linux 64 Bit Linux ARM	Source code on Github

图 1-8　根据操作系统选择 Arduino 的开发环境

2. 安装 Arduino 集成开发环境

对于 1. 8. 15 版本，在 Windows 操作系统下载开发环境时会自动安装到如下路径：

此电脑 › Windows (C:) › Program Files › WindowsApps › ArduinoLLC.ArduinoIDE_1.8.49.0_x86__mdqgnx93n4wtt

对于 1. 8. 15 版本，如果是一个 . exe 文件，需双击该 . exe 文件进行安装，双击之后可以看到图 1-9 所示界面，单击 I Agree 按钮。

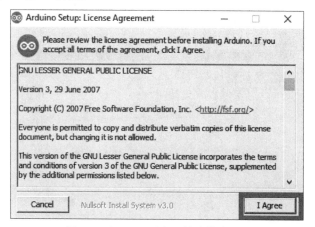

图 1-9　Arduino 开发环境安装步骤 1

保持默认设置,单击 Next 按钮,如图 1-10 所示。

图 1-10　Arduino 开发环境安装步骤 2

选择默认路径,单击 Install 按钮开始安装,如图 1-11 所示。

图 1-11　Arduino 开发环境安装步骤 3

等待安装完成,单击 Close 按钮,如图 1-12 所示。

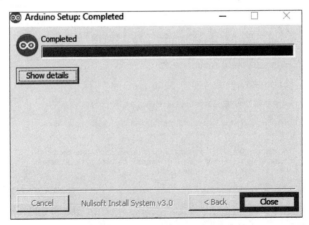

图 1-12　Arduino 开发环境安装步骤 4

通过双击计算机桌面中的图标打开 Arduino IDE。

3. 汉化设置

选择 File→Preferences 命令打开设置页面。在 Editor language 下拉列表中选择"简体中文",单击 OK 按钮,重新启动 Arduino,如图 1-13 所示。

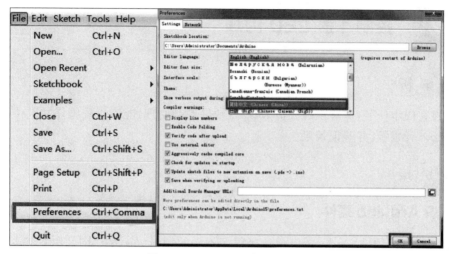

图 1-13　Arduino 开发环境设置

4. 安装驱动程序

软件安装成功后,使用 USB 线连接 Arduino 开发板到计算机的 USB 口,Arduino 开发板上的电源指示 LED 会点亮,表示已经上电并准备好运行。需要注意的是,在基于 Windows 的计算机或者老版本的 Arduino 开发板,需要安装 USB 转串口驱动程序,驱动放在 Arduino 安装文件目录下\drivers\FTDI USB Drivers 文件夹中,或根据 Arduino 开发板搜索关于 PL2303、CH340、ft232、cp210x 等芯片 USB 转串口驱动程序,如图 1-14 所示。

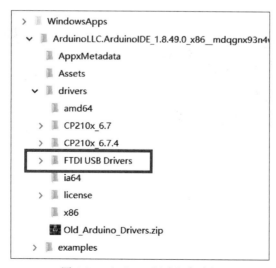

图 1-14　Arduino 驱动程序路径

任务扩展

登录 https://www.arduino.cc/reference/en/ 或 http://wiki.arduino.cn/ 网站,查看 Arduino 常用函数参考。

任务 2　控制 1 盏 LED 闪烁

任务解析

学生通过完成本任务,能够正确分析 LED 软硬件控制原理,能够正确编译并上传 Blink 示例程序到 Arduino 开发板,并验证效果。

知识链接

一、认识 Arduino 硬件

针对不同的应用领域,Arduino 已设计出很多不同的型号以满足不同使用者的需要,例如基础的 UNO 型号,用于连接 Wi-Fi 的 MKR WIFI 1010 型号,与 GSM 网络连接的 MKR GSM 1400 型号,方便使用者快速搭建有创意、想法的 Arduino 项目,如图 1-15、图 1-16 所示。这些组件可以是输入设备,如传感器、开关、手柄、键盘等,使得 Arduino 可以感知外部世界;也可以是输出设备,如 LED、电机、显示器、扬声器等,使得 Arduino 可以控制这些设备实现物理量的变化。

微课
Arduino硬件平台介绍

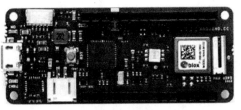

图 1-15　Arduino MKR WIFI 1010

图 1-16　Arduino MKR GSM 1400

可以登录 https://www.arduino.cc/en/Main/Products 网站,了解更多 Arduino 硬件及扩展模块相关信息。

Arduino UNO 是 Arduino 应用入门级硬件产品,通常使用该硬件了解 Arduino。可以登录 https://store.arduino.cc/usa/arduino-uno-rev3 网站了解更多 Arduino UNO 相关信息,包括开源的硬件原理图及 PCB 图等。

Arduino UNO 硬件基本信息见表 1-2。

表 1-2　Arduino UNO 硬件基本信息

基本信息	具体参数
微控制器	ATmega328P
工作电压	5 V
输入电压(推荐)	7～12 V
输入电压(限制)	6～20 V
数字 I/O 引脚	14 个(其中 6 个提供 PWM 输出)
PWM 数字 I/O 引脚	6 个
模拟输入引脚	6 个
每个 I/O 引脚的直流电流	20 mA
3.3 V 引脚的直流电流	50 mA
Flash Memory	32 KB (ATmega328P)，其中 0.5 KB 由引导加载程序使用
SRAM	2 KB (ATmega328P)
EEPROM	1 KB (ATmega328P)
时钟频率	16 MHz
LED_BUILTIN	引脚号 13

Arduino UNO 硬件引脚功能图如图 1-17 所示。

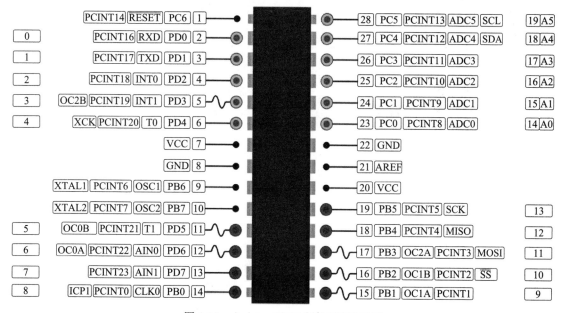

图 1-17　Arduino UNO 硬件引脚功能图

Arduino UNO 硬件引脚分配图如图 1-18 所示。

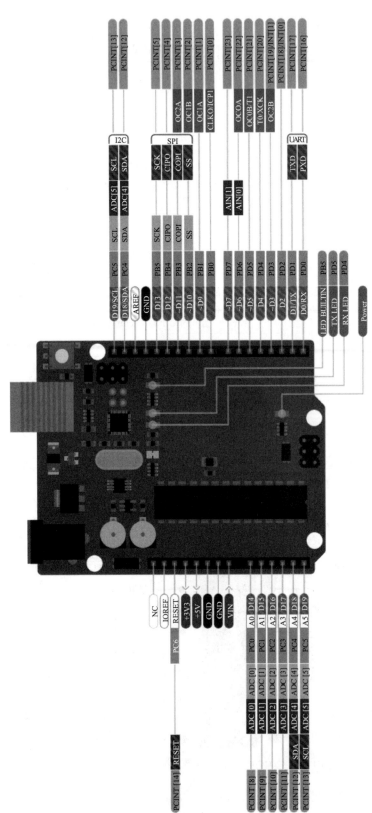

图 1-18 Arduino UNO 硬件引脚分配图

1. 电源

Arduino UNO 开发板可以使用 3 种方式供电：

(1) 直流电源插孔：可以使用电源插孔为 Arduino 开发板供电。电源插孔通常连接到一个适配器。开发板的供电范围可以是 5～20 V，但制造商建议将其保持在 7～12 V。高于 12 V 时，稳压芯片可能会过热，低于 7 V 可能会供电不足。

(2) VIN 引脚：该引脚用于使用外部电源为 Arduino UNO 开发板供电。电压应控制在上述提到的范围内。

(3) USB 电缆：连接到计算机时，提供 500 mA/5 V 电压。

2. 辅助引脚

辅助引脚功能图如图 1-19 所示。

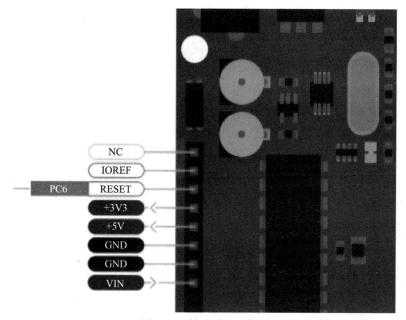

图 1-19　辅助引脚功能图

(1) IOREF：该引脚是输入/输出参考。它提供了微控制器工作的参考电压。

(2) RESET：复位 Arduino 开发板。

(3) +3V3：根据制造商的数据手册，它提供稳压的 3.3 V，向外部组件供电。

(4) +5 V：根据制造商的数据手册，它提供稳压的 5 V，向外部组件供电。

(5) GND：GND 引脚用于闭合电路回路，并在整个电路中提供一个公共逻辑参考电平。务必确保所有 GND(Arduino、外设和组件)相互连接并且有公共点。

3. 模拟输入引脚

Arduino UNO 有 6 个模拟引脚，它们作为 ADC(模/数转换器)使用，如图 1-20 所示。这些引脚用作模拟输入，但也可用作数字输入或数字输出。在 Arduino 上，ADC 具有 10 位分辨率，可以通过 1 024 个数字电平表示模拟电压。

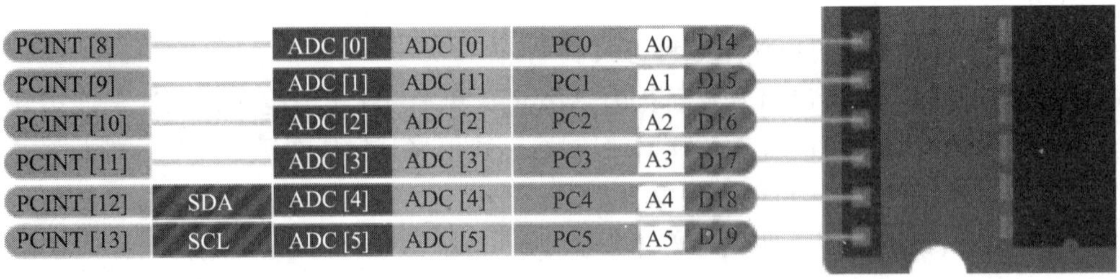

图 1-20　模拟引脚功能图

4. 数字引脚

Arduino UNO 的引脚 D0～D13 用作数字输入/输出引脚，如图 1-21 所示。其中，引脚 13 连接到板载的 LED；引脚 3、5、6、9、10、11 具有 PWM 功能。

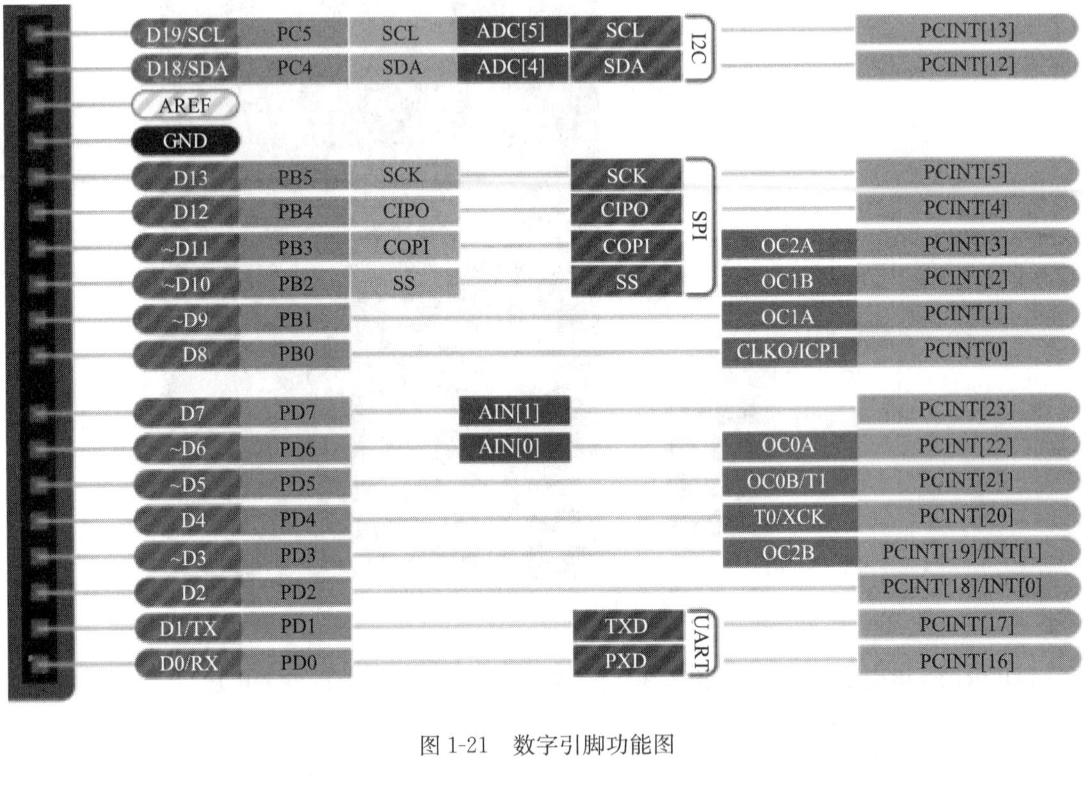

图 1-21　数字引脚功能图

5. 通信及外部中断等接口

D0、D1 可用于 UART 串行通信，D10～D13 可作为 SPI 接口，D18、D19 可作为 I2C 接口，D2、D3 可用于外部中断 0、1，AREF 是模拟输入的参考电压。

登录 https://store.arduino.cc/usa/arduino-uno-rev3 网站，找到 DOCUMENTATION 选项，下载 Pinout Diagram 引脚图可以看到 Arduino UNO 引脚分配及功能。

登录 https://www.arduino.cc/en/Main/Products 网站，可以查看更多 Arduino 开发板及其功能，如图 1-22～图 1-24 所示。

图 1-22　Arduino 入门级开发板

 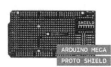 

图 1-23　Arduino 扩展开发板

图 1-24　Arduino IOT 开发板

二、分析 Blink 程序

Blink 程序如图 1-25 所示,其中"//"之后内容为注释,即解释程序代码的功能,不参与程序代码运行。

```
void setup() {
  // initialize digital pin LED_BUILTIN as an output.
  pinMode(LED_BUILTIN, OUTPUT);
  //pinMode(LED_BUILTIN, OUTPUT)语句的功能是将LED_BUILTIN 引脚的工作方向设置为输出OUTPUT
  //也就是从Arduino核心芯片到外部器件方向
}

// the loop function runs over and over again forever
void loop() {
  digitalWrite(LED_BUILTIN, HIGH);   // turn the LED on (HIGH is the voltage level)
  //digitalWrite(LED_BUILTIN, HIGH)语句的功能是从核心芯片以数字方式向外部输出高电平
  //LED_BUILTIN引脚输出高电平(数字1)
  delay(1000);                       // wait for a second
  //等待1000ms,以便观察
  digitalWrite(LED_BUILTIN, LOW);    // turn the LED off by making the voltage LOW
  //LED_BUILTIN引脚输出低电平(数字0)
  delay(1000);                       // wait for a second
  //等待1000ms,以便观察
}
```

图 1-25 Blink 程序注释

微课
了解并上传框架程序Blink

pinMode(LED_BUILTIN,OUTPUT)语句的功能是将 LED_BUILTIN 引脚的工作方向设置为输出 OUTPUT,也就是从 Arduino 核心芯片到外部器件方向。

digitalWrite(LED_BUILTIN,HIGH)语句的功能是从核心芯片以数字方式向外部输出高电平,LED_BUILTIN 引脚输出高电平(数字 1)。

delay(1000)语句的功能是等待 1 000 ms,以便观察。

digitalWrite(LED_BUILTIN,LOW)语句的功能是从核心芯片以数字方式向外部输出低电平,LED_BUILTIN 引脚输出低电平(数字 0)。

程序代码的执行过程如图 1-26 所示。

提示:在程序代码中右击 HIGH 关键字,选择"在参考文件中寻找"命令,可以找到关于 HIGH、LOW、LED_BUILTIN 等关键字的含义。

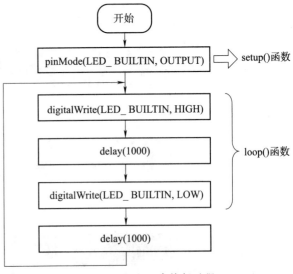

图 1-26 Blink 程序执行过程

三、分析 LED 硬件电路[①]

Arduino UNO 板载 LED 电路可以登录 https://docs.arduino.cc/hardware/uno-rev3 查看，电路如图 1-27、图 1-28 所示，SCK 连接 PB5 引脚，即 D13 引脚。U5B 为集成电路芯片，功能是电压跟随器，即输出电平跟随输入电平变化。电路分析过程：SCK 为 Arduino UNO 上的 ATmega328P 单片机 PB5 引脚，工作电压为 5 V。因此，当引脚输出二进制值 0 时，即 SCK 输出低电平 0 V，发光二极管两端电压相等，发光二极管处于熄灭状态。当引脚输出二进制值 1 时，D13 引脚输出 5 V，U5B 芯片 7 引脚为 5 V，经 1 kΩ 电阻、发光二极管到地。由于发光二极管工作时两端压降幅度因制造材料不同而不同，一般在 0.7～3 V 之间，发光二极管流过的电流在 (5 V－3 V)/1 kΩ＝2 mA 或 (5 V－0.7 V)/1 kΩ＝4.3 mA 之间，小于 ATmega328P 芯片技术规格要求中每个 I/O 引脚输出直流电流 20 mA，发光二极管一般情况下可以被点亮（发光二极管点亮需符合发光二极管技术参数要求的电流大小）。

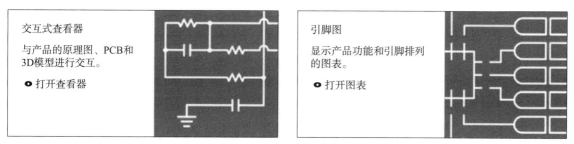

图 1-27　Arduino UNO 电路图资源

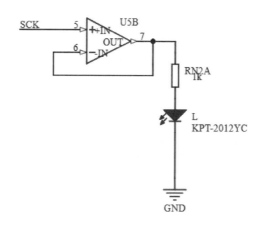

图 1-28　板载 LED 电路

任务实施

任务实施前需准备好表 1-3 所列设备和资源。

[①] 本书中部分电路图为网站原图或仿真软件原图，其中某些元器件符号与国家标准符号不符，二者对照关系参见附录 A。

表 1-3 设备清单表

序号	设备/资源名称	数量
1	Arduino 开发板	1
2	USB 连接线	1
3	LED(如果有板载 LED,无须此器件)	1
4	1 kΩ 电阻(如果有板载 LED,无须此器件)	1

要完成本任务,可以将实施步骤分成以下几步:
(1)打开 Blink 示例程序。
(2)选择 Arduino 开发板型号及端口。
(3)编译并上传 Blink 程序。
具体实施步骤如下:
打开 Arduino IDE,选择"文件"→"示例"→01. Basics→Blink 命令打开应用程序代码,如图 1-29 所示。

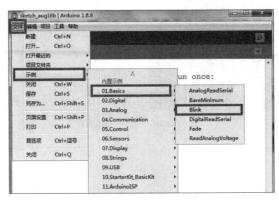

图 1-29 打开 Blink 示例程序

Blink 示例程序如图 1-30 所示。

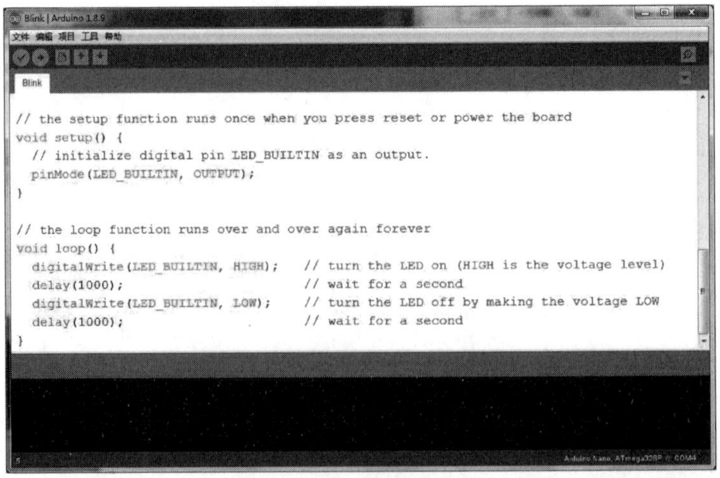

图 1-30 Blink 示例程序

上传示例程序之前,选择正确的开发板类型并连接到计算机的对应串口。设置板子的类型可以选择"工具"→"开发板"命令进行操作,如图 1-31 所示。

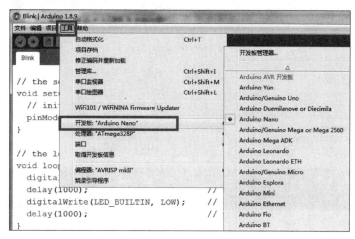

图 1-31 开发板选择

在"工具"→"端口"下选择串口。在 Windows 系统的计算机上,串口可能是 COM8 或其他类似的名称,如图 1-32 所示。

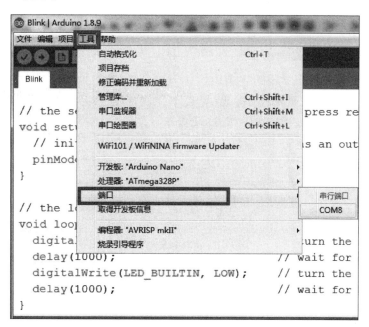

图 1-32 下载端口选择

单击工具栏中的"验证"按钮 ,确保程序代码符合 Arduino 代码规则(示例程序已通过验证);单击"上传"按钮,将已编译成功的程序代码上传到 Arduino 开发板,Arduino 开发板将运行此代码并得到运行结果,如图 1-33 所示。

程序的执行现象是,Arduino 开发板 D13 引脚连接的 LED 间隔 1 s 亮、灭闪烁。

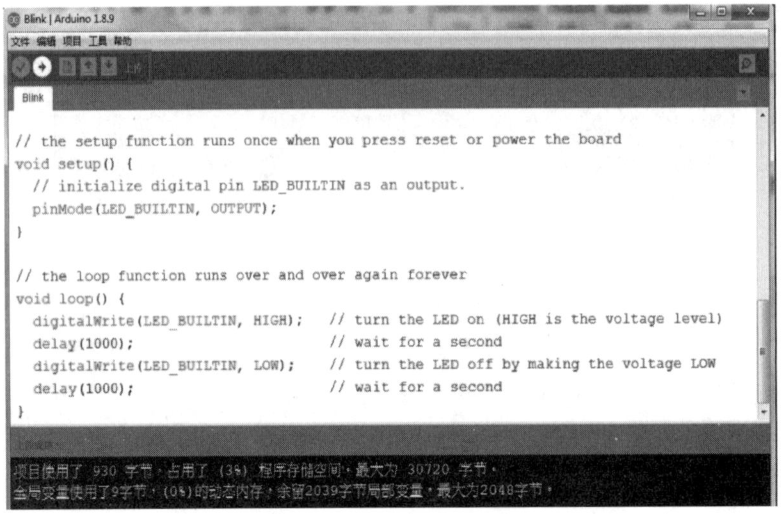

Arduino 应用与实践

图 1-33　编译程序并上传

任务扩展

增加 LED 的数量为 8 个，控制 8 个 LED 间隔闪烁，即 LED1 亮灭 1 s，LED2 亮灭 1 s，如此循环往复。

项目检查与评价

项目实施过程可采用分组学习的方式。学生 2～3 人组成项目团队，团队协作完成项目，项目完成后撰写项目设计报告，按照测试评分表（见表 1-4），小组互换完成设计作品测试，教师抽查学生测试结果，考核操作过程、仪器仪表使用、职业素养等。

表 1-4　闪烁灯测试评分表

项　目		主要内容	分数
设计报告	系统方案	比较与选择； 方案描述	5
	理论分析与设计	I/O 引脚驱动电流能力与 LED 驱动电流计算	5
	电路与程序设计	功能电路选择； 控制程序设计	10
	测试方案与测试结果	合理设计测试方案及恰当的测试条件； 测试结果完整性； 测试结果分析	10
	设计报告结构及规范性	摘要； 设计报告正文的结构； 图表的规范性	5
项目报告总分			35

功能实现	正确安装 Arduino IDE 及驱动	10
	编译并下载 Blink 示例程序	10
	能够正确描述 pinMode()、digitalWrite()、delay()函数功能	10
	能够设计包含 8 个 LED 的硬件电路并编写控制程序	20
完成过程	能够查阅工程文档、数据手册,以团队方式确定合理的设计方案和设计参数	5
	在教师的指导下,能团队合作解决遇到的问题	5
	实施过程中的操作规范、团队合作、职业素养、创新精神和工作效率等	5
	项目实施总分	65

项目总结

通过开发环境搭建及控制 LED 闪烁,熟悉 Arduino 的基础知识和程序开发模式,具备 Arduino 开发环境搭建和分析,编译、上传程序能力,如图 1-34 所示。

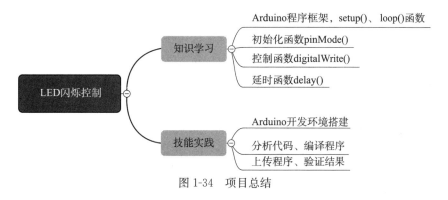

图 1-34 项目总结

项目 2
设计 OLED 电子广告屏

项目导入

某公司准备开发小型电子广告屏产品,经过慎重选型决定采用 Arduino 作为控制单元。为节省开发成本,前期采用 0.96 英寸(1 英寸=2.54 cm)OLED 作为液晶显示屏。你作为公司技术开发人员,请完成 OLED 显示屏字符显示、图像显示硬件设计及软件程序开发。

学习目标

(1)能够正确设置并使用 SPI 总线接口与 Arduino 连接。
(2)能够正确使用取字模软件绘制图形并获取字模数据。
(3)熟练应用 circleDraw()、drawLine()等函数显示圆形、直线等形状。
(4)熟练应用 println()等语句显示字符。
(5)熟练应用 setFont()、begin()函数进行 OLED 显示屏初始化及显示字体大小设置。
(6)熟练应用 imageDraw()函数显示中文、英文等字符。
(7)熟练应用 imageDraw()函数显示绘制图形。
(8)具备科学、严谨、规范、精益求精的工匠精神和不断创新的创新意识。

项目实施

任务 1　加载 Arduino 第三方库

任务解析

学生通过完成本任务,应能够正确加载 Arduino 第三方库,能够使用 OLED 显示屏显示字符型内容。

知识链接

一、认识嵌入式系统显示器

在进行嵌入式产品开发过程中,常用到由发光器件构成的显示器。显示器属于计算机的 I/O 设备,即输入/输出设备。它是一种将特定电子信息输出到屏幕上再反射到人眼的显示工具。常见的有液晶显示器(LCD)、LED 显示器、OLED 显示器、数码管显示器等。

1. 液晶显示器

液晶显示器(Liquid Crystal Display,LCD)如图 2-1 所示。具有大面板价格低、寿命长、解析度和色彩还原度好、体积小、显示信息量大、不伤眼等优点,常用于嵌入式设备的显示器。

图 2-1 LCD 液晶显示器

液晶本身是不发光的,所以需要有一个背光灯提供光源,光线经过一系列处理后输出,输出的光线强度低于光源的强度。并且这些处理过程导致显示方向变窄,即显示视角偏小,从侧面会看不清 LCD 屏幕显示的内容。

2. LED 显示器

LED 显示器通常分为单色显示和彩色显示。由 LED 组成的显示器有多种表现形式,如发光二极管、LED 数码管、LED 点阵等。

1)发光二极管

发光二极管是常用的发光器件,由于其显示信息量较少,通常用于照明、指示灯等,具有节能、响应速度快、环保等优点,如图 2-2 所示。

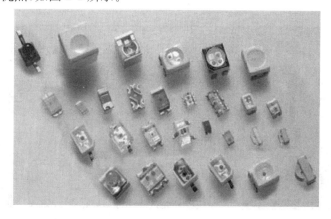

图 2-2 发光二极管

2) LED 数码管

LED 数码管由多个发光二极管封装在一起组成。按照发光二极管连接方式的不同可分为共阳数码管和共阴数码管。不同的封装形式可以显示不同的内容，如"8"字形、"米"字形以及特殊字符形等。以生活中使用数码管显示的电子设备举例，如洗衣机剩余时间显示，热水器温度、水量显示等，如图 2-3、图 2-4 所示。

图 2-3　通用型 LED 数码管

图 2-4　定制型 LED 数码管

3) LED 点阵

与 LED 数码管类似，LED 点阵由多个发光二极管封装在一起组成，一般有彩色和单色两种，如图 2-5、图 2-6 所示。彩色 LED 点阵的单个像素点内包含红、绿、蓝三色 LED 灯，通过控制红、绿、蓝颜色的强度进行混色，实现彩色颜色输出，多个像素点构成一个屏幕。每个像素点都是由 LED 发光，像素密度较低，可用于大型户外显示。单色 LED 点阵应用较为广泛，如公交车上的信息显示、公告牌等。

图 2-5　单块 LED 点阵

图 2-6　LED 点阵显示屏

3. OLED 显示器

OLED(Organic Light-Emitting Diode)又称有机电激光显示、有机发光半导体。OLED 与 LCD 显示器不同，OLED 具有自发光性好、广视角、高对比、低耗电、高反应速率、全彩化及制程简单、可制作柔性屏等优点。以 OLED 技术制成的显示屏市场占有率越来越高，更多的电子设备使用 OLED 显示屏作为信息显示装置，如大部分手机显示屏、电视屏幕、可折叠屏幕等。

二、OLED.h 库函数介绍

在使用 OLED.h 库函数时，需了解 OLED 显示屏点阵坐标表示方法。OLED 显示屏点阵坐标如图 2-7 所示。以 128×64 显示屏为例，屏幕共有 128×64＝8 192 个显示点。当 OLED 显示屏显示图像或中文字符(不带字库)时，左上顶角点坐标为行＝0，列＝0，右下底角点坐标为列＝128，行＝64，以此类推，可以得到显示屏任意一点的行、列坐标。当 OLED 显示屏显示字符时，如显示 8×16 大小的字符，通常将显示屏分为 8 行、16 列，每两行作为一组进行字符显示，因此，通常使用 0,2,4,6 这 4 个行坐标。

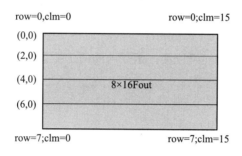

图 2-7　OLED 显示屏点阵坐标

将 OLED 库函数文件复制到 Arduino 软件的 libraries 文件夹下，即完成 OLED 函数库的安装。OLED 函数库包含 examples、src 文件夹，其中 examples 文件夹中存放了函数库的基本函数应用文件，src 文件夹包含 OLED.H 以及 OLED.CPP 文件。

OLED.H 文件中包含 SPI 硬件连接引脚定义等头文件，修改此部分内容与硬件对应，使得 Arduino 可以向 SPI 总线连接方式的 OLED 正确输出数据。

OLED.CPP 文件存放了函数库的函数原型。常用 OLED 应用函数解释如下：

1) begin(FONT_8x16)

函数功能是初始化函数库应用，设置显示字符的大小。参数为 FONT_6x8 或 FONT_8x16，表示显示字符为 6×8 或 8×16 大小。函数语句示例：

```
myOLED.begin(FONT_8x16);//FONT_6x8,FONT_8x16
```

2) clearScreen()

函数功能是清除 OLED 上已显示的内容。函数语句示例：

```
myOLED.clearScreen();
```

3) print()

函数功能是将数据以 ASCII 码打印输出。此命令可以采用多种形式。数字使用每个数字的 ASCII 字符打印,浮点数类似地打印为 ASCII 数字,默认为 2 位小数。字符和字符串按原样打印。函数语句示例:

```
myOLED.print("OLED");        //显示内容:OLED
myOLED.print('O');           //显示内容:O
myOLED.print(78);            //显示内容 78
```

4) println()

函数功能是将数据以 ASCII 码打印输出,后跟回车符(ASCII 13 或 '\r')和换行符(ASCII 10 或 '\n'),与 print()类似。注意,当字符大小为 8×16 时,应避免在一行上显示超过 16 个字符。函数语句示例:

```
myOLED.println("Hello,world?");   //显示内容:Hello,world? 并且光标移动到下一行的 m 之前位置
```

5) setPosi(uint8_t row,uint8_t column)

函数功能是设置显示字符的初始位置。函数内的两个参数为行列 x,y 坐标。函数语句示例:

```
myOLED.setPosi(4,0);         //将显示字符位置定位到第 4 行,第 0 列
```

6) Lprint(byte row,byte column,byte * word)

函数功能是在指定行 row、列 column 显示指针内容。函数语句示例:

```
myOLED.Lprint(2,2,"num:123");   //第 2 行、第 2 列显示内容为 num:123
```

7) setFont(FONT_8x16)

函数功能是设置显示字符大小。有 FONT_8x16、FONT_6x8 两种。

8) imageDraw(const byte IMAGE[],byte row,byte column)

函数功能是在点阵上以描点方式绘制图形。包括显示中文字符,即将中文字符转换为一幅图像显示。函数语句示例:

```
myOLED.imageDraw(zhang,0,0);    //在第 0 行、第 0 列开始显示数组 zhang 里的描点内容
```

9) circleDraw(int x,int y,int r)

函数功能是绘制圆形。参数 x,y 为圆心坐标,r 为半径。函数语句示例:

```
myOLED.circleDraw(64,32,5);     //绘制圆形,圆心坐标 x 为 64,y 为 32,半径 r 为 5
```

10) boxDraw(byte x,byte y,byte w,byte h)

函数功能是绘制方形。参数 x,y 作为起始点坐标,w 为宽,h 为高。函数语句示例:

```
myOLED.boxDraw(30,30,20,20);    //绘制方形,左上顶点 x,y 分别为 30,宽为 20,高为 20
```

11)drawLine(byte x0,byte y0,byte x1,byte y1)

函数功能是绘制直线,参数 x0,y0 为起始点坐标,x1,y1 为终点坐标。函数语句示例:

```
myOLED.drawLine(1,1,127,63);    //绘制直线,起点 x,y:1.1,终点 x,y:127.63
```

三、SPI 总线介绍

SPI(Serial Peripheral Interface)是串行外围设备接口,是 Motorola 公司推出的一种同步串行接口。SPI 是一种高速、全双工、同步通信总线。它只需 4 条线就可以完成 MCU 与各种外围器件的通信,这 4 条线是:串行时钟线(SCK)、主机输入/从机输出数据线(MISO)、主机输出/从机输入数据线(MOSI)、从机选择线(CS)。当 SPI 工作时,移位寄存器中的数据逐位移到寄存器(高位在前)。发送 1 字节后,从另一个外围器件接收的字节数据进入移位寄存器中,即完成 1 字节数据传输的实质是两个器件寄存器内容的交换。主 SPI 的时钟信号(SCK)使传输同步。

SPI 作为一种 4 线串行通信协议,与其他通信总线相比,具有以下特点:
(1)支持全双工通信。
(2)通信简单。
(3)数据传输速率快。
(4)主从机通信模式。

任务实施前需准备好表 2-1 所列设备和资源。

表 2-1 设备清单表

序号	设备/资源名称	数量
1	Arduino IDE	1
2	Arduino 开发板	1
3	SPI 接口 OLED 显示屏	1

要完成本任务,可以将实施步骤分成以下几步:
(1)连接 Arduino 与 SPI 接口 OLED 显示屏。
(2)在 OLED 显示屏上显示题目、学号、姓名、日期。
(3)使用库函数绘制圆形、直线、方形等。
(4)使用库函数在 OLED 显示屏上显示不同字符大小的十进制、十六进制数据。
具体实施步骤如下:

1. 连接 Arduino 与 SPI 接口 OLED 显示屏

按照图 2-8 将 OLED 显示屏与 Arduino 连接。SPI 接口定义可以在 OLED.h 中修改,路径如 C:\Program Files (x86)\arduino-1.8.15\libraries\OLED\src,如图 2-9 所示。

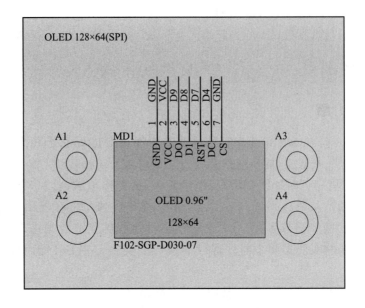

图 2-8　OLED 显示屏原理图

```
//SoftwareSPI Setting Pin
#define OLED_SCL  9 //SCK
#define OLED_SDA  8 //MOSI
#define OLED_RST  7
#define OLED_DC   4
```

图 2-9　OLED 显示屏引脚连接

微课
Arduino库函数安装及模拟IO使用

2. 在 OLED 显示屏上显示题目、学号、姓名、日期

(1)打开 Arduino IDE，输入以下程序代码。

```
1   //------- 声明 OLED--------------------------
2   # include <OLED.h>                           //引用 OLED 库
3   OLED myOLED;                                 //声明新名称
4
5   void setup() {
6   //------- 初始化 OLED FONT_8x16------------
7   myOLED.begin(FONT_8x16);//FONT_6x8,FONT_8x16
8   }
9
10  void loop() {
11    myOLED.clearScreen();                      //清除屏幕内容
12    myOLED.println("Ex:OLED");                 //显示 1 行文字
13    myOLED.println("num:123456");              //显示 1 行文字
```

```
14      myOLED.println("zhangsan");           //显示1行文字
15      myOLED.Lprint(6,0,"2021/08/22");      //显示1行文字
16      delay(5000);                          //延时5 s
17  }
```

第 2 行，引用 OLED.h 库，前提条件是/libraries 文件夹能够找到 OLED 文件夹。未找到 OLED 文件夹时，一般在信息提示区提示以下错误：

```
fatal error: OLED.h: No such file or directory
```

第 3 行，使用 OLED 库声明程序代码中将要使用的新名称。新名称可以自行定义，在本代码中使用 myOLED。

第 5~8 行，为初始化函数 setup()，函数在程序运行时首先执行并只执行一次。

第 7 行，调用 OLED 库的 begin()函数，初始化 OLED 并设置显示字符大小为 FONT_8x16。在 OLED.h 文件中，有如下定义：

```
# define FONT_6x8   0
# define FONT_8x16  1
```

第 10~17 行，为循环执行函数 loop()，程序将在此函数中不断循环执行。

第 11 行，调用 OLED 库 clearScreen()函数，清除屏幕显示内容。

第 12 行，调用 println()函数显示字符串内容。println()函数在执行之后输出换行符，因此，执行该条命令后，光标移动到下一行行首。由于字符大小为 FONT_8x16，在 OLED 屏幕使用第 0、1 两行显示 Ex:OLED。

第 13 行，在第 2、3 行显示 num:123456。

第 14 行，在第 4、5 行显示 zhangsan。

第 15 行，使用 Lprint()函数，在第 6 行、第 0 列开始显示 2021/08/22。

第 16 行，使用 Arduino 系统特有函数 delay(5000)，延时 5 000 ms，即 5 s。目的是稳定显示内容。

至此，程序代码完整执行一次。在 5 s 之后，程序将重复执行第 11~16 行。

(2)验证程序。单击"验证"按钮，程序代码输入正确将显示图 2-10 所示内容。当未显示该内容时，可根据信息提示区提示，将程序代码修改正确。

图 2-10　项目工程编译信息

(3)进行下载设置：

选择"工具"→"开发板:"命令，选择相应开发板，如 Arduinouno。

选择"工具"→"端口"命令,选择与 USB 连接线对应 COM 端口,如 COM5。

(4) 上传程序代码。单击"上传"按钮，将已编译成功的程序代码上传到 Arduino 开发板,Arduino 开发板将运行此代码,在 OLED 屏幕上将显示 4 行字符内容。上传成功将在信息提示区显示图 2-11 所示内容。

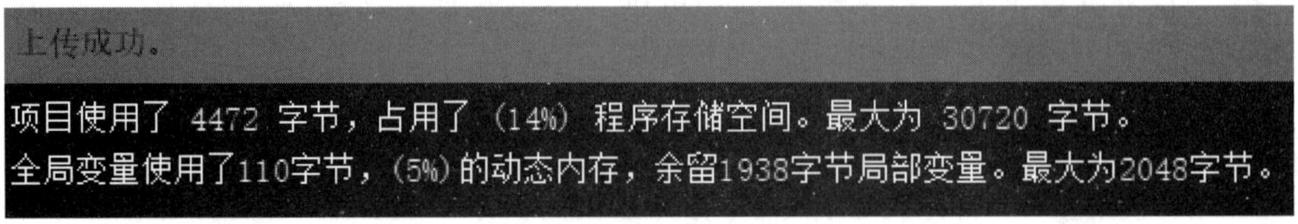

```
上传成功。
项目使用了 4472 字节,占用了 (14%) 程序存储空间。最大为 30720 字节。
全局变量使用了110字节,(5%)的动态内存,余留1938字节局部变量。最大为2048字节。
```

图 2-11 项目工程上传成功提示

3. 使用库函数绘制圆形、直线、方形等

(1) 打开 Arduino IDE,输入以下程序代码:

OLED显示屏应用

```
1  //-------- Declare-OLED------------------------------
2  # include <OLED.h>                    //引用 OLED 库
3  OLED myOLED;                          //声明
4
5  void setup() {
6  //-------- Setup-OLED FONT_8x16------------------
7  myOLED.begin(FONT_8x16);//FONT_6x8,FONT_8x16
8  }
9
10 void loop() {
11   myOLED.clearScreen();               //清除屏幕内容
12   myOLED.circleDraw(64,32,10);        //画圆形,圆心坐标 x:64,y:32,半径 r 为 5
13   delay(2000);
14   myOLED.boxDraw(30,30,20,20);        //画方形,左上顶点 x,y:30,30;宽 20,高 20
15   delay(2000);
16   myOLED.drawLine(1,1,127,63);        //画直线,起点 x,y:1,1;终点 x,y:127,63
17   delay(2000);
18   myOLED.drawLine(127,1,1,63);        //画直线,起点 x,y:127,1;终点 x,y:1,63
19   delay(2000);                        //延时 2 s
20 }
```

第 2 行,引用 OLED.h 库,未找到 OLED 文件夹时,一般在信息提示区提示以下错误:

```
fatal error: OLED.h: No such file or directory
```

第 3 行,使用 OLED 库声明程序代码中将要使用的新名称。新名称可以自行定义,在本代码中使用 myOLED。

第 5~8 行,为初始化函数 setup(),函数在程序运行时首先执行并只执行一次。

第 7 行,调用 OLED 库的 begin()函数,初始化 OLED 并设置显示字符大小为 FONT_8x16。

在OLED.h文件中,有如下定义:

```
# define FONT_6x8    0
# define FONT_8x16   1
```

第10~20行,为循环执行函数loop(),程序将在此函数中不断循环执行。

第11行,调用OLED库clearScreen()函数,清除屏幕显示内容。

第12行,调用OLED库circleDraw()函数,在OLED屏幕上绘制圆形。参数1、2组成圆心x、y坐标,本程序代码中为64,32。参数3作为半径r使用,本程序代码中为10。实际使用中,该函数在绘制圆形图形时,存在跳点绘制,即存在绘制圆形图形不完整情况。

第13行,使用Arduino延时函数delay(),延时时间为2 s。

第14行,调用OLED库boxDraw()函数,在OLED屏幕上绘制方形,参数1、2为方形左上顶角x、y坐标,本程序代码中为30,30。参数3、4为方形右下顶角x、y坐标,本程序代码中为20,20。

第16行,调用OLED库drawLine()函数,在OLED屏幕上绘制直线,参数1、2为直线起点x、y坐标,本程序代码中为1,1。参数3、4为直线终点x、y坐标,本程序代码中为127,63。

第18行,直线起点x、y坐标127,1,直线终点x、y坐标1,63。

(2)验证程序、上传设置、上传程序。请参照本任务实施步骤2中验证程序、上传设置、上传程序执行,之后不再重复。

4. 使用库函数在OLED显示屏上显示不同字符大小的十进制、十六进制数据

打开Arduino IDE,输入以下程序代码:

```
1  //----------------------------------
2  # include <OLED.h>
3
4  OLED myOLED;
5
6  uint32_t n=0;
7  float fn=0.0;
8  //----------------------------------
9  void setup()
10 {
11   myOLED.begin(FONT_8x16);//FONT_6x8
12   myOLED.println("Hello,world?");
13   myOLED.println("1234567890123456");
14   myOLED.println("abcdefghijklmnop");
15   myOLED.println("ABCDEFGHIJKLMNOP");
16   delay(2000);
17   myOLED.clearScreen();
18 }
19
20 //----------------------------------
```

```
21  void loop() // run over and over
22  {
23    if(n> 20){
24      myOLED.print(n);
25      myOLED.print("HEX= ");
26      myOLED.print(n,HEX);
27      myOLED.print("");
28      myOLED.println(fn);
29      delay(1000);
30    }
31    else{
32      myOLED.print(n);
33      myOLED.print("H= ");
34      myOLED.print(n,HEX);
35      myOLED.print("");
36      myOLED.println(fn);
37      delay(1000);
38    }
39    if(n==20){
40      myOLED.setFont(FONT_6x8);
41    }
42    n++;
43    fn+=1.23;
44    delay(10);
45    if(n==40){
46      myOLED.setFont(FONT_8x16);
47      n=0;
48      fn=0.0;
49    }
50  }
```

部分程序代码解释请参照前述任务实施步骤。

第6行，uint32_t 定义变量 n 为32位无符号整型类型数据，变量 n 初值为0。

第7行，float 定义变量 fn 为32位浮点数类型数据，即包含小数点的数字，变量 fn 初值为0.0。

第12~15行，输出字符串内容并换到下一行，OLED 显示屏内容如下所示：

```
Hello,world?
1234567890123456
abcdefghijklmnop
ABCDEFGHIJKLMNOP
```

由于字体大小设置为 FONT_8x16，即一个字符占用16行、8列。128×64 显示屏可以显示4

行字符,每行显示 16 个字符。

第 23~38 行,使用 if/else 语句判断变量 n 的值是否大于 20,变量 n 的初值为 0,在第 42 行被改变。如果变量 n 的值大于 20,执行第 24~29 行;否则,执行第 32~37 行。

第 32 行,输出变量 n 的值。

第 33 行,输出字符串内容,即"H="。

第 34 行,以十六进制形式输出变量 n 的值。

第 35 行,输出空字符。

第 36 行,输出变量 fn 的值,fn 的值在第 43 行被改变。

以第 11 次执行为例,第 32~37 行输出显示内容如下所示:

```
10 H=A 12.30
```

第 39、40 行,判断 n 的值是否等于 20,当 n 的值等于 20 时,使用 setFont() 函数设置 OLED 显示屏显示字符大小为 FONT_6x8,即使用 8 行、6 列显示 1 个字符。128×64 显示屏可以显示 8 行字符,每行显示 21 个字符。

第 43 行,使用复合赋值运算符"+=",这是一个变量与另一个常量或变量执行加法的便捷写法。可以展开为 fn=fn+1.23。

第 45 行,当变量值 n 等于 40 时,执行 if 语句包含内容,即执行第 46~48 行。

第 46 行,设置显示字符大小为 FONT_8x16。

第 47、48 行,赋值变量 n、fn 值为 0。

任务扩展

使用 OLED 库 circleDraw() 等函数,在 OLED 显示屏上显示姓名及奥运五环图形。

任务 2　显示 OLED 屏广告

任务解析

学生通过完成本任务,能够使用 OLED 库函数绘制图像及显示中文字符。

知识链接

一、了解 OLED 库 imageDraw() 函数

以 128×64 显示屏为例,屏幕共有 128×64=8 192 个显示点。当需要显示一幅图像时,即以描点方式逐行或逐列控制每一个显示点的点亮、熄灭,达到显示一幅图像或文字的目的。

在 OLED.cpp 文件中,存放着 imageDraw() 函数原型,函数原型如下:

```
1 //------------------------------------------------------------
```

```
2  /* Function    :imageDraw(const byte IMAGE[],byte row,byte column)
3   * Description:draw image at row,column
4   * Input       :image,row,column
5   * Output      :display image
6   */
7
8  void OLED::imageDraw(const byte IMAGE[],byte row,byte column)
9  {
10    byte a,height,width;
11
12    width=IMAGE[0];
13    height=IMAGE[1];
14
15    for(a=0;a<height;a++)
16    {
17      setAddress(row+a,column);
18      SendData((byte* )IMAGE+2+a * width,width);
19    }
20  }
```

第1~6行，为imageDraw()函数注释，介绍了函数的功能、代入参数等。第2行描述了使用3个参数，分别表示图像数据名称、从第几行、第几列的x、y坐标开始显示图像数据。

第12、13行，使用了第一个参数的数组第0、1个元素值，IMAGE[0]和IMAGE[1]。IMAGE[0]存放着显示图像的宽度，图像宽度范围是8~128，并且是8的倍数，即8~128列。IMAGE[1]存放着显示图像的高度，图像高度范围为01~08，即1~8行。例如IMAGE[0]、IMAGE[1]内容为0x08、0x02或0x40、0x08。

其余代码完成的功能可参考OLED.cpp文件其他内容，这里不做过多介绍。

二、单色BMP图像

1. 单色BMP图像的概念

BMP是位图(Bitmap)的简写，是Windows操作系统的标准图像格式。BMP图像有单色、16色、256色等。大部分OLED显示屏通常使用单色BMP图像，即以1位二进制数据(黑色或白色)表示1个点阵点的数据。

2. 制作单色BMP图像

使用Windows操作系统"画图"或其他工具软件，打开一幅任意格式图像，选择"另存为"命令，在保存类型上选择单色位图，即可以生成一幅单色BMP图像。通过"重新调整大小"选项卡调整图像尺寸，选择像素方式，输入水平、垂直像素大小，不选中"保持纵横比"复选框，可以调整图像尺寸，如图2-12所示。

项目 2　设计 OLED 电子广告屏　35

图 2-12　制作单色 BMP 图像

任务实施

任务实施前需准备好表 2-2 所列设备和资源。

表 2-2　设备清单表

序号	设备/资源名称	数量
1	Arduino IDE	1
2	Arduino 开发板	1
3	SPI 接口 OLED 显示屏	1
4	PCtoLCD 取字模软件	1

要完成本任务,可以将实施步骤分成以下几步:
(1)使用 PCtoLCD 软件取字模,即获得拟显示图像宽、高的显示点逐行或逐列数据。
(2)将 PCtoLCD 字符模式获得的字符数据在 OLED 显示屏上显示。
(3)使用 PCtoLCD 图像模式绘制图像并在 OLED 显示屏上显示。
具体实施步骤如下:

1. 使用 PCtoLCD 软件取字模,即获得拟显示图像宽、高的显示点逐行或逐列数据

(1)打开 PCtoLCD 软件,选择"模式"→"字符模式"命令,如图 2-13 所示。
(2)打开"字模选项",设置"自定义格式"为"C51 格式",并调整行前缀、行后缀等参

微　课

OLED 应用
——绘图模式

数。选择"取模走向"为"顺向","取模方式"为"列行式",如图 2-14 所示。

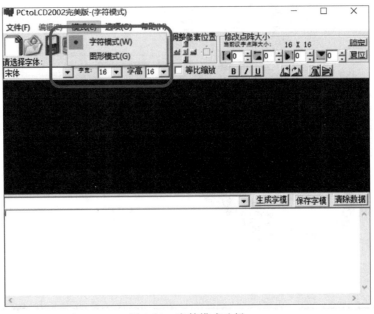

图 2-13 字符模式选择

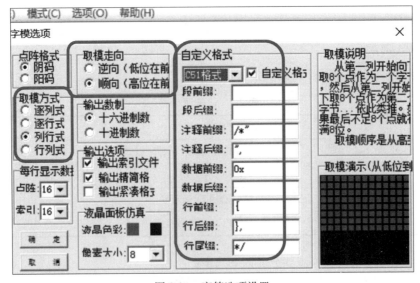

图 2-14 字符选项设置

(3)在输入栏输入显示字符,例如"张三 ab1"。单击"生成字模"按钮,获得点阵数据并复制到 Arduino IDE 中,如图 2-15 所示。

至此,完成了字符的点阵数据生成。

提示:中文字符占用 16×16 大小点阵点,英文及数字字符占用 16×8 大小点阵点,即中文字符为 32 组数据,英文及数字字符为 16 组数据。

项目 2　设计 OLED 电子广告屏

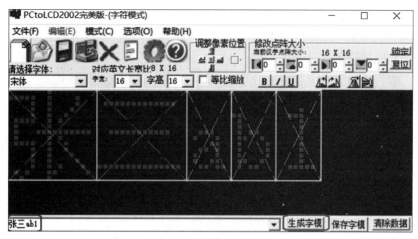

图 2-15　获得点阵数据

2. 将 PCtoLCD 字符模式获得的字符数据在 OLED 显示屏上显示

在 Arduino IDE 中输入以下代码：

```
1   # include <OLED.h>
2   OLED myOLED;
3
4   const byte zhang[]={0x10,0x02,0x40,0x47,0x44,0x44,0x7C,
5     0x01,0x01,0xFF,0x01,0x05,0x09,0x11,0x61,0x01,0x01,
6     0x00,0x00,0xC2,0x41,0x42,0x7C,0x00,0x00,0xFF,0x02,
7     0x84,0x60,0x10,0x08,0x04,0x02,0x00};            //张 16* 16
8   const byte san[]={0x10,0x02,0x00,0x20,0x21,0x21,0x21,
9     0x21,0x21,0x21,0x21,0x21,0x21,0x21,0x21,0x20,0x00,
10    0x00,0x04,0x04,0x04,0x04,0x04,0x04,0x04,0x04,0x04,
11    0x04,0x04,0x04,0x04,0x04,0x04,0x00};            //三 16* 16
12  const byte a[]={0x08,0x02,0x00,0x00,0x01,0x01,0x01,0x00,
13    0x00,0x00,0x00,0x98,0x24,0x24,0x48,0xFC,0x04,0x00};   /* "a"* /
14  const byte b[]={0x08,0x02,0x08,0x0F,0x00,0x01,0x01,0x00,
15    0x00,0x00,0x00,0xFC,0x88,0x04,0x04,0x88,0x70,0x00};   /* "b"* /
16  const byte one[]={0x08,0x02,0x00,0x00,0x08,0x08,0x1F,0x00,
17    0x00,0x00,0x00,0x00,0x04,0x04,0xFC,0x04,0x04,0x00};   /* "1"* /
18  void setup() {
19    myOLED.begin(FONT_8x16);//FONT_6x8,FONT_8x16
20    myOLED.clearScreen();
21  }
22
23  void loop() {
24    myOLED.imageDraw(zhang,0,0);
25    myOLED.imageDraw(san,0,16);
```

```
26    myOLED.imageDraw(a,0,64);
27    myOLED.imageDraw(b,0,80);
28    myOLED.imageDraw(one,0,96);
29    delay(1500);
30    myOLED.clearScreen();
31  }
```

第 4 行，const 是一个限定符，用于修改变量的作用，使变量成为"只读"。这意味着该变量可以像其他类型的任意变量一样使用，但它的值不能更改。当为 const 修饰的变量赋值时，则会出现编译器错误。

第 4 行，byte 为字节变量修饰符，该类型变量为 8 位无符号数，数据范围为 0~255。

第 4 行，数组第 0、1 个元素描述了字符图像的宽、高。中文字符为 16×16 点阵点表示，因此，第 0、1 个元素值为 0x10、0x02。数组第 2~33 个元素数据为复制 PCtoLCD 字模软件生成的字模"张"数据。

第 8~11 行，与第 4~7 行代码类似，数组数据为字模"三"数据。

第 12 行，数组第 0、1 个元素描述了字符图像的宽、高。英文及数字字符为 16×8 点阵点表示，因此，第 0、1 个元素值为 0x08、0x02。数组第 2~17 个元素数据为复制 PCtoLCD 字模软件生成的字模"a"数据。

第 14~17 行，与第 12 行代码类似，数组数据为字模"b"和"1"数据。

第 24 行，调用 OLED 库 imageDraw()函数，代入参数分别为数组名、起始点行坐标、起始点列坐标，即从 0,0 到 15,15 坐标显示数组 zhang 的点阵点数据。

第 26 行，从 0,64 到 15,71 坐标显示数组 a 的点阵点数据。

该程序代码在 128×64 OLED 显示屏上得到图 2-16 所示图像。

3. 使用 PCtoLCD 图像模式绘制图像并在 OLED 显示屏上显示

选择"模式"→"图形模式"命令，新建一幅 BMP 图像，输入图像宽度、高度，即形成一幅图像画布。例如，输入宽度 128、高度 64。通过单击鼠标左键选中图像点，单击鼠标右键取消选中图像点，或打开一幅 BMP 图像，如图 2-17、图 2-18 所示。

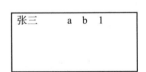

图 2-16　显示的图像

图 2-17　图形模式选项

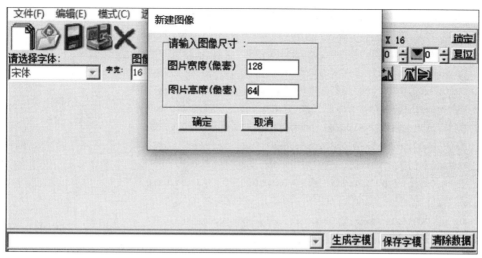

图 2-18　图像尺寸设置

在 Arduino IDE 中输入以下代码：

```
1  //----------------------------------------
2  // PS:数据量太大可能影响正常显示
3  # include <OLED.h>
4  OLED myOLED;
5  //显示字母 E,8*16
6  const byte e[]={0x08,0x02,0x00,0x1F,0x1F,0x11,0x11,0x11,
7    0x10,0x00,0x00,0xF0,0xF0,0x10,0x10,0x10,0x10,0x00};
8  //显示心形,16*8
9  //第 1 个数据 0x10 表示 16 个数据长度,第 2 个数据 0x01 代表高度为 8
10 const byte heart[]={0x10,0x01,0x00,0x30,0x48,0x84,0x84,
11   0x42,0x42,0x21,0x21,0x42,0x42,0x84,0x84,0x48,0x30,0x00};
12 //16*16 实心方块
13 const byte x[]={0x10,0x02,0xff,0xff,0xff,0xff,0xff,0xff,
14   0xff,0xff,0xff,0xff,0xff,0xff,0xff,0xff,0xff,0xff,
15   0xff,0xff,0xff,0xff,0xff,0xff,0xff,0xff,0xff,0xff,
16   0xff,0xff,0xff,0xff};
17 //64*64 卡通人物
18 const byte katong[]={0x40,0x08,0x3F,0x30,0x3F,0x77,0x78,
19   0x3F,0x03,0x00,0x00,0x07,0x7F,0xF8,0xC1,0xFF,0xFE,0x80,
20   0xC3,0xFF,0x3E,0x0C,0x1C,0x18,0x38,0x30,0x31,0x63,0x6E,
21   0x6C,0x6C,0x66,0xC6,0xC3,0xC1,0x63,0x66,0x66,0x6C,0x6C,
22   0x3F,0x33,0x30,0x18,0x18,0x0C,0x0E,0x3E,0xFF,0xC3,0x80,
23   0xFE,0xFF,0xC1,0xF8,0x7F,0x07,0x00,0x00,0x03,0x3F,0x78,
24   0x77,0x3F,0x30,0x3F,0xC0,0xF0,0xB8,0xCC,0x64,0xB6,0xC7,
25   0x47,0xC7,0xE7,0x2F,0x6F,0xDF,0x9B,0x3F,0xEF,0xC3,0x03,
```

```
26    0x01,0x00,0x00,0x00,0x00,0x01,0x09,0x9F,0x9F,0xF1,0x61,
27    0x03,0x07,0x0F,0x0D,0x07,0x07,0x03,0x61,0xF1,0x9F,0x9E,
28    0x00,0x00,0x00,0x00,0x00,0x01,0x83,0xC3,0xFF,0x3F,0x9B,
29    0xDF,0x6F,0x2F,0xE7,0xC7,0x47,0xC7,0xB6,0x64,0xCC,0xB8,
30    0xF0,0xC0,0x00,0x00,0x00,0x00,0x00,0x00,0x00,0xE0,0xFC,
31    0xCF,0xF3,0xF6,0xFC,0xFC,0xD8,0xF0,0xF0,0xE0,0xE0,0x40,
32    0xC0,0xC1,0xC1,0x81,0x83,0x83,0x83,0x83,0x83,0x03,0x03,
33    0x07,0x03,0x83,0x83,0x83,0x83,0x83,0x83,0x81,0xC1,0xC1,
34    0xC0,0x40,0x60,0xE0,0xF0,0xF0,0xD8,0xFC,0xFE,0xF7,0xF7,
35    0xDD,0xF8,0xC0,0x80,0x00,0x00,0x00,0x00,0x00,0x00,0x00,
36    0x00,0x00,0x00,0x00,0x00,0x00,0x00,0x7F,0xE3,0x80,0x00,
37    0x00,0x03,0x07,0x0F,0x1F,0x3F,0x7F,0x7E,0xFC,0xF8,0xF8,
38    0xF1,0xF5,0xE6,0xE6,0xE3,0xE3,0xC0,0xC0,0xC0,0xC0,0xC0,
39    0xC0,0xC0,0xC3,0xE3,0xE6,0xE6,0xE4,0xF4,0xF1,0xF8,0xF8,
40    0x7C,0x7E,0x3F,0x1F,0x1F,0x0F,0x07,0x03,0x81,0xC0,0xF0,
41    0x3F,0x0F,0x00,0x00,0x00,0x00,0x00,0x00,0x00,0x00,0x00,
42    0x00,0x00,0x00,0x00,0x00,0x80,0xF0,0x78,0x3C,0xFE,0xFF,
43    0xFF,0xFF,0xFF,0xFF,0x1F,0x03,0x7C,0xFE,0xFF,0xFF,0xFF,
44    0xFF,0xFF,0x7E,0x3C,0x00,0x02,0x07,0x07,0x07,0x07,0x03,
45    0x00,0x00,0x3C,0x7E,0xFF,0xFF,0xFF,0xFF,0xFF,0x7E,0x3C,
46    0x07,0xFF,0xFF,0xFF,0xFF,0xFF,0xFE,0x3C,0xFC,0xF0,
47    0x00,0x00,0x00,0x00,0x00,0x00,0x00,0x00,0x00,0x00,0x00,
48    0x00,0x00,0x00,0x00,0x00,0x00,0x00,0x00,0x00,0x80,0x80,
49    0xC0,0xC0,0xE0,0xE0,0xF0,0x30,0x18,0x0C,0x0C,0x04,0x07,
50    0x07,0xC3,0xE3,0x7B,0x7B,0xEF,0xEF,0x7F,0x7B,0x63,0xC3,
51    0x02,0x06,0x06,0x06,0x0E,0x1E,0x1C,0x3C,0xFC,0xFC,0xFC,
52    0xFC,0xFC,0xBF,0x1F,0x00,0x00,0x00,0x00,0x00,0x00,0x00,
53    0x00,0x00,0x00,0x00,0x00,0x00,0x00,0x00,0x00,0x00,0x00,
54    0x00,0x00,0x00,0x00,0x00,0x00,0x00,0x00,0x00,0x00,0x00,
55    0x00,0x00,0x00,0x0F,0x0F,0x1B,0x73,0xC1,0xBF,0xFF,0xC7,
56    0x07,0x0F,0x0F,0x0F,0x0F,0x0F,0x0F,0x07,0x07,0x07,0xC7,
57    0x63,0x7F,0x7F,0x60,0x20,0x30,0xD8,0xD8,0x18,0xD8,0xF0,
58    0x70,0xC0,0x00,0x00,0x00,0x00,0x00,0x00,0x00,0x00,0x00,
59    0x00,0x00,0x00,0x00,0x00,0x00,0x00,0x00,0x00,0x00,0x00,
60    0x00,0x00,0x00,0x00,0x00,0x00,0x00,0x00,0x00,0x00,0x00,
61    0x00,0xC0,0xE0,0xE0,0xE6,0xEF,0xDF,0xFF,0xFF,0xF9,0xF1,
62    0xF1,0xFF,0xE6,0xE6,0xFF,0xF9,0xF1,0xF1,0xF7,0xFF,0xDF,
63    0x8F,0x07,0x00,0x00,0x00,0x00,0x00,0x00,0x00,0x00,0x00,
64    0x00,0x00,0x00,0x00,0x00,0x00,0x00,0x00,0x00,0x00,0x00,
65    0x00};
66
67
```

项目 2　设计 OLED 电子广告屏　41

```
68  void setup() {
69    myOLED.begin(FONT_8x16);//FONT_6x8,FONT_8x16
70    myOLED.clearScreen();
71  }
72
73  void loop() {
74    myOLED.imageDraw(e,0,88);
75    myOLED.imageDraw(heart,2,88);
76    myOLED.imageDraw(x,4,88);
77    myOLED.imageDraw(katong,0,0);
78    delay(9500);
79    myOLED.clearScreen();
80  }
```

第 6 行，以绘图方式绘制字母 "E"，并将字模数据复制到数组第 2 个元素开始的位置。

第 10 行，以绘图方式绘制心形图形，数据宽度为 16，高度为 8。

第 13 行，以绘图方式绘制实心方块，数据宽度为 16，高度为 16。

第 18~65 行，图像宽、高数据为 0x40、0x08，即 64×64 图像大小，从第 2 个数组元素开始为复制字模数据填充。

第 74 行，调用 OLED 库 imageDraw() 函数，显示数组 "e" 的数据内容。

第 77 行，调用 OLED 库 imageDraw() 函数，显示一幅 64×64 大小的图像。

执行程序代码获得图 2-19 所示图像。

提示：4 组图形分别创建画布获得图像数据。

图 2-19　显示的图像

任务扩展

使用取字模软件绘制图 2-20 所示图像，并调用 OLED 库 imageDraw() 函数显示该图像。

图 2-20　示例图像

项目检查与评价

项目实施过程可采用分组学习的方式。学生 2～3 人组成项目团队，团队协作完成项目，项目完成后撰写项目设计报告，按照测试评分表（见表 2-3），小组互换完成设计作品测试，教师抽查学生测试结果，考核操作过程、仪器仪表使用、职业素养等。

表 2-3 OLED 电子广告屏测试评分表

	项 目	主要内容	分数
设计报告	系统方案	比较与选择； 方案描述	5
	理论分析与设计	SPI 总线连接设计	5
	电路与程序设计	功能电路选择； 控制程序设计	10
	测试方案与测试结果	合理设计测试方案及恰当的测试条件； 测试结果完整性； 测试结果分析	10
	设计报告结构及规范性	摘要； 设计报告正文的结构； 图表的规范性	5
	项目报告总分		35
功能实现	正确使用取字模软件获取字模数据		10
	使用 circleDraw()、drawLine() 等函数绘制圆形、直线等		5
	使用 setFont()、begin() 函数进行 OLED 初始化及显示字符大小设置		5
	使用 println()、print() 语句输出字符、数字、十六进制数据等		10
	使用 imageDraw() 函数显示绘制图形、中文		20
完成过程	能够查阅工程文档、数据手册，以团队方式确定合理的设计方案和设计参数		5
	在教师的指导下，能团队合作解决遇到的问题		5
	实施过程中的操作规范、团队合作、职业素养、创新精神和工作效率等		5
	项目实施总分		65

项目总结

通过 OLED 显示屏硬件电路设计和软件的使用，掌握 SPI 接口和 Arduino 语法 print()、println() 等知识，具备应用 OLED.h 库中 setPosi()、imageDraw() 等函数编写 OLED 显示程序的能力，如图 2-21 所示。

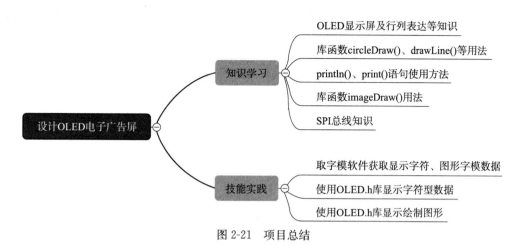

图 2-21　项目总结

项目 3
设计夜视电子门铃

项目导入

某公司准备开发小型夜视电子门铃产品,经过慎重选型决定采用 Arduino 作为控制单元,结合 LED、蜂鸣器等元器件进行产品设计。你作为公司技术开发人员,请完成当按键按下时,LED 点亮、蜂鸣器产生提示音乐的硬件设计及软件程序开发。

学习目标

(1)能够正确设置并使用对应接口与 Arduino 连接。
(2)熟练应用 digitalWrite()、digitalRead()等函数进行数据读取和写入。
(3)熟练应用 pinMode()等语句控制端口的输出状态。
(4)熟练应用 tone()、notone()函数控制蜂鸣器的输出音调等。
(5)熟练应用程序定义和控制蜂鸣器的音符。
(6)具备严谨的程序开发、规范的代码测试工作态度,精益求精的产品功能、代码完善精神。

项目实施

任务1 编写蜂鸣器控制程序

任务解析

本任务是利用 Arduino 的数字量 I/O 部分的输出功能,通过操作具体的某个数字 I/O 口,利用 PWM 信号和按键控制与其连接的蜂鸣器产生音调,并结合具体需求产生特定的音调或旋律,作为夜视电子门铃的声音输出。

一、数字 I/O

Arduino 的数字 I/O 被分成两部分,其中每部分都包含 6 个可用的 I/O 引脚,即引脚 2~引脚 7 和引脚 8~引脚 13。除了引脚 13 上接了 1 个 1 kΩ 的电阻之外,其他引脚都直接连接到芯片上。当用作输出时,它们就像前面提到过的供电电压一样,但并不是全 5 V,而是通过程序控制打开或关闭。通过程序控制把它们打开时为 5 V,关闭时则为 0 V。正如供电接口一样,不要超出最大电流承受值。数字接口可以提供 40 mA 的 5 V 电压。这足够点亮 1 个标准的 LED 了,但是还不足以驱动电机。Arduino UNO 硬件布局图如图 3-1 所示。

数字引脚都可以用作输入或者输出,这是在程序模块中设置的。因为你将要把电子元器件连接到这些引脚中的一个上,所以不太可能想改变一个引脚的输入/输出模式。也就是说,一旦将一个引脚设置为输出就不会在一个程序模块的中间再把它变为输入,如图 3-2 所示。

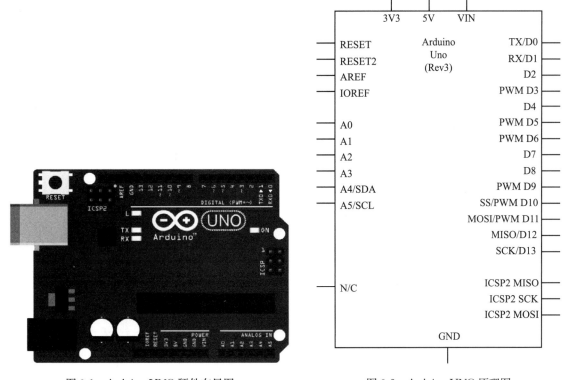

图 3-1 Arduino UNO 硬件布局图　　　　图 3-2 Arduino UNO 原理图

二、蜂鸣器

蜂鸣器是一种一体化结构的电子讯响器,采用直流电压供电,广泛应用于计算机、打印机、复印机、报警器、电子玩具、汽车电子设备、电话机、定时器等电子产品中作发声器件。蜂鸣器主要分为压电式蜂鸣器和电磁式蜂鸣器两种类型。蜂鸣器在电路中用字母 H 或 HA(旧标准用 FM、ZZG、LB、JD 等)表示。

蜂鸣器由振动装置和谐振装置组成。

(1)蜂鸣器可分为无源他激型与有源自激型。

无源他激型蜂鸣器的工作发声原理是:方波信号输入谐振装置转换为声音信号输出。

有源自激型蜂鸣器的工作发声原理是:直流电源输入经过振荡系统的放大采样电路在谐振装置作用下产生声音信号。

(2)蜂鸣器还可分为压电式蜂鸣器和电磁式蜂鸣器。

压电式蜂鸣器主要由多谐振荡器、压电蜂鸣片、阻抗匹配器及共鸣箱、外壳等组成。有的压电式蜂鸣器外壳上还装有发光二极管。多谐振荡器由晶体管或集成电路构成。当接通电源后(1.5～15 V 直流工作电压),多谐振荡器起振,输出 100～500 Hz 的音频信号,阻抗匹配器推动压电蜂鸣片发声。

压电蜂鸣片由锆钛酸铅或铌镁酸铅压电陶瓷材料制成。在陶瓷片的两面镀上银电极,经极化和老化处理后,再与黄铜片或不锈钢片粘在一起。

电磁式蜂鸣器由振荡器、电磁线圈、磁铁、振动膜片及外壳等组成。接通电源后,振荡器产生的音频信号电流通过电磁线圈,使电磁线圈产生磁场。振动膜片在电磁线圈和磁铁的相互作用下,周期性地振动发声。

本任务使用的是电磁式蜂鸣器。接通电源后,振动膜片周期性地振动发声。需要注意的一点是,发声是在蜂鸣器内部由电流产生磁场,使得膜片振动的一瞬间。如果内部一直是直流电,我们只能听到很小的一下声音。如果需要持续的声音应该怎么办呢? 需要一个交流的驱动电路即可。最简单的方波就可以驱动。这里使用的是无源蜂鸣器,这里的源指的是振荡源,自带振荡电路的就是有源,也就是直接通直流电就可以发声。无源则需要外部送入方波信号用于驱动才行。

三、音调原理

前面已经把数字 I/O 连接到了蜂鸣器的正极,让蜂鸣器响起来只需要在数字 I/O 上放入方波即可,这样蜂鸣器就能够发声了。如果只是这样,只能简单地发出警报一类的声音。如果要发出精确的不同频率的乐音怎么办? 这里就需要了解不同声音,具体对应的频率是多少,只要让蜂鸣器接入这样的频率就可以得到想要的声音了。具体的音调和频率(单位为 Hz)的关系见表 3-1。

表 3-1 音调与频率对应关系

项目	音符						
音调	1	2	3	4	5	6	7
A	221	248	278	294	330	371	416
B	248	278	294	330	371	416	467
C	131	147	165	175	196	221	248
D	147	165	175	196	221	248	278

续表

项目	音符						
音调	1	2	3	4	5	6	7
E	165	175	196	221	248	278	312
F	175	196	221	234	262	294	330
G	196	221	234	262	294	330	371

项目	音符						
音调	1	2	3	4	5	6	7
A	441	495	556	589	661	742	833
B	495	556	624	661	742	833	935
C	262	294	330	350	393	441	495
D	294	330	350	393	441	495	556
E	330	350	393	441	495	556	624
F	350	393	441	495	556	624	661
G	393	441	495	556	624	661	742

项目	音符						
音调	1	2	3	4	5	6	7
A	882	990	1 112	1 178	1 322	1 484	1 665
B	990	1 112	1 178	1 322	1 484	1 665	1 869
C	525	589	661	700	786	882	990
D	589	661	700	786	882	990	1 112
E	661	700	786	882	990	1 112	1 248
F	700	786	882	935	1 049	1 178	1 322
G	786	882	990	1 049	1 178	1 322	1 484

四、PWM

PWM(脉冲宽度调制)是用于改变脉冲串中的脉冲宽度的常用技术。PWM 有许多应用,如控制伺服和速度控制器,限制电机和 LED 的有效功率。

PWM 信号基本上是一个随时间变化而变化的方波,如图 3-3 所示。

与 PWM 相关的术语如下:

On-Time(导通时间):时间信号的持续时间较长。

Off-Time(关断时间):时间信号的持续时间较短。

Period(周期):表示为 PWM 信号的导通时间和关断时间的总和。

Duty Cycle(占空比):表示为在 PWM 信号周期内保持导通的时间信号的百分比。

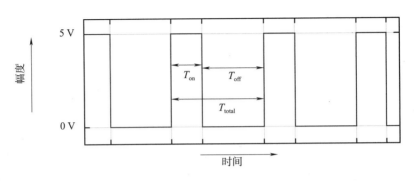

图 3-3 PWM 信号

周期：如图 3-3 所示，T_{on} 表示信号的导通时间，T_{off} 表示信号的关断时间。周期是信号导通时间和关断时间的总和，并按照以下公式计算：

$$T_{total} = T_{on} + T_{off}$$

占空比是指高电平保持的时间与该 PWM 时钟周期之比。使用上面计算的周期，占空比计算公式为

$$D = \frac{T_{on}}{T_{on} + T_{off}} = \frac{T_{on}}{T_{total}}$$

通常，PWM 是使用数字手段来控制模拟输出的一种手段。使用数字控制产生占空比不同的方波，一个不停在开与关之间切换的信号来控制模拟输出。以本次实验来看，端口的输入电压只有两个 0 V 与 5 V。如想要 3 V 的输出电压怎么办？有人说串联电阻，这个方法是正确的，但是如果想在 1 V,3 V,3.5 V 等之间来回变动怎么办呢？不可能不停地切换电阻吧。这种情况就需要使用 PWM。

PWM 是怎么控制的？对于 Arduino 的数字端口电压输出只有 LOW 与 HIGH 两个开关，对应的就是 0 V 与 5 V 的电压输出。把 LOW 定义为 0，HIGH 定义为 1，1 s 内让 Arduino 输出 500 个 0 或者 1 的信号。如果这 500 个输出全部为 1，那就是完整的 5 V；如果全部为 0，那就是 0 V。如果是 010101010101 这样的输出，刚好一半一半，输出端口就感觉是 2.5 V 的电压输出。这个和放映电影是一个道理，一般人们所看的电影并不是完全连续的，它其实是每秒输出 25 张左右的图片，在这种情况下人的肉眼是分辨不出来的，看上去就是连续的了。PWM 也是同样的道理，如果想要不同的电压，控制 0 与 1 的输出比例即可完成任务。当然这和真实的连续输出还是有差别的，单位时间内输出的 0，1 信号越多，控制的就越精确，也就是说实现了用数字来近似模拟的能力。

在图 3-4 中，相邻竖线之间代表一个周期，其值是 PWM 频率的倒数。换句话说，如果 Arduino PWM 的频率是 500 Hz，那么其周期就是 2 ms。analogWrite() 命令中可以操控的范围为 0~255，analogWrite(255) 表示 100% 占空比（常开），analogWrite(127) 占空比大约为 50%（周期的一半）。

除了使用 analogWrite() 命令实现 PWM，还可以通过传统方法来控制电平的开关时间来设置。具体代码如下：

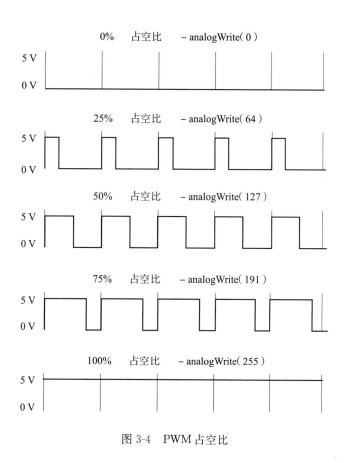

图 3-4　PWM 占空比

```
void setup()
{
  pinMode(13,OUTPUT);           //设定 13 号端口为输出
}

void loop()
{
  digitalWrite(13,HIGH);
  delayMicroseconds(100);       //大约 10% 占空比的 1 kHz 方波
  digitalWrite(13,LOW);
  delayMicroseconds(900);
}
```

　　这种方法的优点是可以使用任意数字端口作为输出端口。而且可以随意设定占空比与频率。一个主要的缺点是任何中断都会影响时钟,这样就会导致很大的抖动,除非禁用中断。第二个缺点是 CPU 在处理输出的时候,无法做其他事情。上面的代码用到了一个新的命令 delayMicroseconds(),其作用是产生一个延时,计量单位是 μs,1 000 μs=1 ms。目前 delayMicroseconds()最大值为 16 383。如果值大于 1 000,推荐使用 delay() 命令。本任务不建议采用这种方法进行处理。

五、常用相关库函数

1）pinMode()

描述：将指定的引脚配置成输出或输入。

语法：pinMode(pin,mode)

参数：pin 为要设置模式的引脚；mode 为 INPUT 或 OUTPUT。

返回：无。

示例：

```
ledPin= 13                          // LED 连接到数字引脚 13
void setup()
{
  pinMode(ledPin,OUTPUT);           //设置数字引脚为输出
}
void loop()
{
  digitalWrite(ledPin,HIGH);        //点亮 LED
  delay(1000);                      //等待 1 s
  digitalWrite(ledPin,LOW);         //熄灭 LED
  delay(1000);                      //等待 1 s
}
```

注意：模拟输入引脚也能当作数字脚使用，如 A0、A1 等。

2）digitalWrite()

描述：给一个数字引脚写入 HIGH 或者 LOW。如果一个引脚已经使用 pinMode()配置为 OUTPUT 模式，其电压将被设置为相应的值，HIGH 为 5 V(3.3 V 控制板上为 3.3 V)，LOW 为 0 V。

如果引脚配置为 INPUT 模式，使用 digitalWrite()写入 HIGH 值，将使能内部 20 kΩ 上拉电阻，写入 LOW 将会禁用上拉。上拉电阻可以点亮 1 个 LED 让其微微亮，如果 LED 工作，但是亮度很低，可能是因为这个原因引起的。补救的办法是：使用 pinMode()函数设置为输出引脚。

注意：数字引脚 13 一般不作为数字输入使用，因为大部分控制板上使用了 1 个 LED 与 1 个电阻连接到地。如果启动了内部的 20 kΩ 上拉电阻，引脚 13 的电压将在 1.7 V 左右，而不是正常的 5 V，因为板载 LED 串联的电阻使得引脚 13 电压下降，这意味着返回值总是 LOW。如果必须使用数字引脚 13 的输入模式，需要使用外部上拉电阻。

语法：digitalWrite(pin,value)

参数：pin 为引脚编号(如 1,5,10,A0,A3)；value 为 HIGH 或 LOW。

返回：无。

示例：

```
int ledPin=13;                    // LED 连接到数字引脚 13
void setup()
{
  pinMode(ledPin,OUTPUT);         // 设置数字端口为输入模式
}
void loop()
{
  digitalWrite(ledPin,HIGH);      // 使 LED 亮
  delay(1000);                    //延时 1 s
  digitalWrite(ledPin,LOW);       // 使 LED 灭
  delay(1000);                    //延时 1 s
}
```

13 号端口设置为高电平,延时 1 s,然后设置为低电平,延时 1 s,循环操作。

3)digitalRead()

描述:读取指定引脚的值,HIGH 或 LOW。

语法:digitalRead(PIN)

参数:pin 为使用的引脚编号(类型为 int)。

返回:HIGH 或 LOW。

示例:

```
int ledPin=13                     //LED 连接到数字引脚 13
int inPin=7;                      //按钮连接到数字引脚 7
int val=0;                        //定义变量并赋值 0

void setup()
{
  pinMode(ledPin,OUTPUT);         //将 13 引脚设置为输出
  pinMode(inPin,INPUT);           //将 7 引脚设置为输入
}

void loop()
{
  val=digitalRead(inPin);         //读取输入引脚
  digitalWrite(ledPin,val);       //将 LED 值设置为按钮的值
}
```

将 13 引脚设置为 7 引脚的值。

注意:如果引脚悬空,digitalRead()会返回 HIGH 或 LOW(随机变化)。

4)analogReference()

描述:配置用于模拟输入的基准电压(即输入范围的最大值)。选项有:

DEFAULT:默认 5 V 或 3.3 V(依据不同 Arduino 开发板)为基准电压。

INTERNAL:在 ATmega168 和 ATmega328 上以 1.1 V 为基准电压,在 ATmega 8 上以 2.56 V 为基准电压。

INTERNAL1V1:以 1.1 V 为基准电压(此选项仅针对 Arduino Mega)。

INTERNAL2V56:以 2.56 V 为基准电压(此选项仅针对 Arduino Mega)。

EXTERNAL:以 AREF 引脚(0～5 V)的电压作为基准电压。

参数:使用哪种参考类型(DEFAULT, INTERNAL, INTERNAL1V1, INTERNAL2V56 或者 EXTERNAL)。

返回:无。

注意:改变基准电压后,之前从 analogRead()读取的数据可能不准确。不要在 AREF 引脚上使用任何小于 0 V 或超过 5 V 的外部电压。如果在 AREF 引脚上使用外部参考,则必须在调用 analogRead()之前将模拟参考设置为 EXTERNAL;否则,会将有源参考电压(内部生成)和 AREF 引脚短路,可能会损坏 Arduino 开发板上的微控制器。

另外,可以在外部基准电压和 AREF 引脚之间连接一个 5 kΩ 电阻,以便在外部和内部基准电压之间切换。注意:总阻值将会发生改变,因为 AREF 引脚内部有 1 个 32 kΩ 电阻。这两个电阻都有分压作用。例如,如果输入 2.5 V 的电压,最终在 AREF 引脚上的电压将为 $2.5 \times 32/(32+5)$ V = 2.2 V。

5)analogRead()

描述:从指定的模拟引脚读取数据值。Arduino 开发板包含 1 个 6 通道(Mini 和 Nano 有 8 个通道,Mega 有 16 个通道),10 位模/数转换器。这意味着它将 0～5 V 之间的输入电压映射到 0～1 023 之间的整数值。这将产生读数之间的关系:5 V/1 024 单位,或 0.004 9 V(4.9 mV)每单位。输入范围和精度可以使用 analogReference()函数改变。它需要大约 100 μs(0.000 1)来读取模拟输入,所以最大的阅读速度是每秒 10 000 次。

语法:analogRead(PIN)

返回:从 0 到 1 023 的整数值。

注意:如果模拟输入引脚没有连入电路,由 analogRead()函数返回的值将根据多项因素(例如,其他模拟输入引脚,你的手靠近板子等)产生波动。

示例:

```
int analogPin= 3;          //电位器(中间的引脚)连接到模拟输入引脚3,另外两个引脚分别接
                           //地和+5 V
int val= 0;                //定义变量来存储读取的数值
void setup()
{
  serial.begin(9600);      //设置波特率(9600)
}

void loop()
{
```

```
    val=analogRead(analogPin);//从输入引脚读取数值
    serial.println(val);//显示读取的数值
}
```

6) analogWrite()

描述：从一个引脚输出模拟值(PWM)。可用于让 LED 以不同的亮度点亮或驱动电机以不同的速度旋转。analogWrite()函数输出结束后，该引脚将产生一个稳定的特殊占空比方波，直到下次调用 analogWrite()函数(或在同一引脚调用 digitalRead()函数或 digitalWrite()函数)。PWM 信号的频率大约是 490 Hz。

大多数 Arduino 开发板(ATmega168 或 ATmega328)只有引脚 3,5,6,9,10 和 11 可以实现该功能。在 Arduino Mega 上，引脚 2 到引脚 13 可以实现该功能。在使用 analogWrite()前，不需要调用 pinMode()来设置引脚为输出引脚。analogWrite()函数与模拟引脚 analogRead()函数没有直接关系。

语法：analogWrite(pin,value)

参数：pin 为用于输入数值的引脚；value 为占空比，范围为 0(完全关闭)到 255(完全打开)。

返回：无。

引脚 5 和引脚 6 的 PWM 输出将高于预期的占空比(输出的数值偏高)。这是因为 millis()和 delay()功能，和 PWM 输出共享相同的内部定时器。这将导致大多时候处于低占空比状态(如 0～10 之间的数值)，并可能导致在数值为 0 时，没有完全关闭引脚 5 和引脚 6。

示例：

```
int ledPin= 9;              // LED 连接到数字引脚 9
int analogPin= 3;           //电位器连接到模拟引脚 3
int val= 0;                 //定义变量并赋值 0

void setup()
{
  pinMode(ledPin,OUTPUT);   //设置引脚为输出引脚
}

void loop()
{
  val= analogRead(analogPin);   //从输入引脚读取数值
  analogWrite(ledPin,val/4);    //以 val/4 的数值点亮 LED(因为 analogRead 读取的数值从 0 到
                                //1 023,而 analogWrite 输出的数值从 0 到 255)
}
```

7) tone()

描述：在一个引脚上产生一个特定频率的方波(50％占空比)。持续时间可以设定，否则波形会一直产生直到调用 noTone()函数。该引脚可以连接压电蜂鸣器或其他扬声器播放声音。

在同一时刻只能产生一个声音。如果一个引脚已经在播放音乐，那么调用 tone()将不会有任

何效果。如果音乐在同一个引脚上播放,它会自动调整频率。

使用 tone()函数会与 3 引脚和 11 引脚的 PWM 产生干扰(Mega 板除外)。

注意:如果要在多个引脚上产生不同的音调,在对下一个引脚使用 tone()函数前要对此引脚调用 noTone()函数。

语法:

```
tone(pin,frequency)
tone(pin,frequency,duration)
```

参数:pin 为要产生声音的引脚;frequency 为产生声音的频率,单位为 Hz,类型为 unsigned int;duration 为声音持续的时间,单位为 ms(可选),类型为 unsigned long。

返回:无。

8)noTone()

描述:停止由 tone()函数产生的方波。如果没有使用 tone()函数将不会有效果。

语法:noTone(pin)

参数:pin 为所要停止产生声音的引脚。

返回:无。

9)interrupts()(中断)

描述:重新启用中断(使用 noInterrupts()函数后将被禁止)。中断允许一些重要任务在后台运行,默认状态是启用的。禁止中断后一些函数可能无法工作,并且传入信息可能会被忽略。中断会稍微打乱代码的时间,但是在关键部分可以禁用中断。

参数:无。

返回:无。

示例:

```
void setup() {
}

void loop()
{
  noInterrupts();
  //重要、时间敏感的代码
  interrupts();
  //其他代码写在这里
}
```

10)noInterrupts()

描述:禁止中断(重新使能中断 interrupts())。中断允许在后台运行一些重要任务,默认使能中断。

参数:无。

返回:无。

任务实施

任务实施前需准备好表 3-2 所列设备和资源。

表 3-2　设备清单表

序号	设备/资源名称	数量
1	Arduino IDE	1
2	Arduino 开发板	1
3	蜂鸣器	1
4	按键	1

要完成本任务,可以将实施步骤分成以下几步:
(1)连接 Arduino 与蜂鸣器和按键。
(2)使用中断函数识别按键。
(3)使用库函数在识别按键后,令蜂鸣器发出不同声音。
(4)使用库函数令蜂鸣器发出有旋律的声音。
具体实施步骤如下:

1. 连接 Arduino 与蜂鸣器和按键

电路连接示意图如图 3-5 所示。
按照图 3-6 将按键与 Arduino D2、D6 引脚连接。

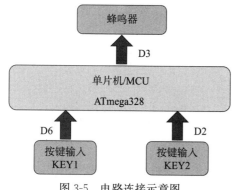

图 3-5　电路连接示意图

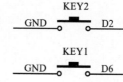

图 3-6　按键电路原理图

按照图 3-7 将蜂鸣器与 Arduino D3 引脚连接。

电路规划:在数字引脚 D2 和 D6 分别连接两个按键,在数字引脚 D3 连接蜂鸣器。蜂鸣器一端连接 VCC,另一端连接晶体管的集电极,晶体管的基极通过电阻连接到引脚 D3,因此,当 D3 输出高电平时,晶体管导通,蜂鸣器发出声音;当 D3 输出低电平时,晶体管截止,蜂鸣器不会发出声音。

注意:使用具有 PWM 功能的引脚,才能控制蜂鸣器发出不同频率的声音(引脚功能图中引脚附近标有"~"符号)。

微　课
外部中断识别

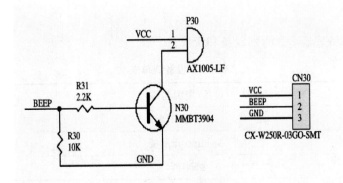

图 3-7　蜂鸣器电路原理图

2. 使用中断函数识别按键

(1)打开 Arduino IDE,输入以下程序代码:

```
1  #define ledPin 13
2  //用引脚2作为中断触发引脚
3  #define interruptPin 2
4  volatile bool state= LOW;
5
6  void setup() {
7    pinMode(ledPin,OUTPUT);
8    //将中断触发引脚(引脚2)设置为 INPUT_PULLUP(输入上拉)模式
9    pinMode(interruptPin,INPUT_PULLUP);
10   //设置中断触发程序
11   attachInterrupt(digitalPinToInterrupt(interruptPin),blink,FALLING);
12 }
13
14 void loop() {
15   digitalWrite(ledPin,state);
16   delay(500);
17 }
18 //中断服务程序
19 void blink() {
20   noInterrupts();
21   state=! state;
22   delay(50);
23   interrupts();
24 }
```

规划数字引脚 D2 和 D6 分别连接按键 KEY1 和 KEY2,也就是可以通过按键向 D2 引脚输入低电平或下降沿。

第 1 行定义了 LED 将使用的引脚,该引脚也是 Arduino UNO 板载的 LED 连接引脚。

第 3 行定义了外部中断将使用的数字引脚 2

第 4 行使用 volatile,bool 定义了 state 变量并赋值为低电平,volatile 描述的是易变变量,也就是经常、容易被改变的变量。bool 描述的是布尔变量,也就是位变量,只开辟一个二进制位的空间。

第 9 行,设置外部中断引脚为输入上拉模式,在输入上拉模式下,外部中断引脚在不接入其他电路时为高电平。

第 11 行,使用了 attachInterrupt() 函数。第一个参数使用了 Arduino 特有的函数,将引脚转换为中断号,也就是数字引脚 2,对应可选值 0;第二个参数是中断服务程序名称 blink,该函数的原型在第 19 行;第三个参数为 FALLING,高电平变为低电平触发,也就是下降沿触发。

第 15、16 行作为循环体 loop 的语句,控制 LED 输出 state 状态。

state 状态由中断服务程序改变,当 Arduino 外部中断引脚接收到一个下降沿信号时,程序被中断,进入中断服务程序。在当前,只有第 21 行一条语句,也就是将 state 变量的值取反,从 0 变为 1 或从 1 变为 0。在中断服务程序执行之后,回到 loop() 函数中之前被中断的断点,继续循环执行。

因此,该程序实现的功能是外部按键每按一次,能够控制 LED 亮灭状态变化。

在该程序的基础上,在第 20 行添加 noInterrupts() 函数,也就是在进入中断时,关闭中断,防止错误或其他中断再次发生。

第 23 行添加 interrupts() 函数,将中断再次打开,允许中断产生。

第 22 行添加了一个错误代码,延时 delay() 函数,读者可尝试添加该代码的效果。

(2)验证程序、上传设置、上传程序。

请参照项目 2 任务 1 任务实施中的验证程序、上传设置、上传程序执行。

3. 使用库函数在识别按键后,令蜂鸣器发出不同声音

(1)打开 Arduino IDE,输入以下程序代码:

按键识别与
蜂鸣器控制

```
1  # define  BUZZER_PIN  3
2  # define  KEY1  2
3  # define  KEY2  6
4  void setup()
5  {
6    pinMode(BUZZER_PIN,OUTPUT);
7    digitalWrite(BUZZER_PIN,LOW);
8  }
9
10 void loop() {
11   int   BnState=digitalRead(KEY1);
12   if(BnState==0)
13      Beep() ;
14   BnState=digitalRead(KEY2);
15   if(BnState==0)
```

```
16      BeepBeep();
17  }
18  void loop() {
19      int  BnState=digitalRead(KEY1);
20      if(BnState==0)
21        Beep(5,300);
22      BnState=digitalRead(KEY2);
23      if(BnState==0)
24        Beep(3,1000);
25  }
26
27  void Beep(){
28      digitalWrite(BUZZER_PIN,HIGH);
29      delay(300);
30      digitalWrite(BUZZER_PIN,LOW);
31  }
32  void BeepBeep(){
33      digitalWrite(BUZZER_PIN,HIGH);
34      delay(200);
35      digitalWrite(BUZZER_PIN,LOW);
36      delay(200);
37      digitalWrite(BUZZER_PIN,HIGH);
38      delay(200);
39      digitalWrite(BUZZER_PIN,LOW);
40  }
41
42  void Beep(int n,int finv)
43  {
44      int i;
45      for(i=0;i<n;i++)
46      {
47          digitalWrite(BUZZER_PIN,HIGH);
48          delay(finv);
49          digitalWrite(BUZZER_PIN,LOW);
50          delay(finv);
51      }
52  }
```

第 6 行,设置蜂鸣器控制引脚为输出方向。

第 7 行,控制该引脚输出低电平,也就是控制蜂鸣器当前不发出声音。

第 13 行,根据按键 KEY1 状态,调用了 Beep()函数。

第 16 行,根据按键 KEY2 状态,调用了 BeepBeep()函数。

第 27～31 行，是 Beep() 函数原型，分别控制蜂鸣器引脚输出高电平、延时、输出低电平。也就是蜂鸣器会发出 300 ms 的声音。

第 32～40 行，是 BeepBeep() 函数原型，控制蜂鸣器引脚输出高电平、延时、输出低电平。具体的过程是发声，延时 200 ms，不发声，延时 200 ms，发声 200 ms，不发声。

如果想要优化 Beep() 函数程序代码，可以使用第 42～50 行代码，函数定义了两个参数，分别是发声次数和发声时长，其中，发声次数在第 44 行代码实现，发声时长由 delay() 函数实现。因此，可以使用当前 Beep() 函数替代原程序的 Beep() 和 BeepBeep() 函数，完成同样的功能，从而使程序代码得到了优化，具体优化后的发声代码见上述程序代码第 18～25 行。

上述程序代码使用第 10～17 行、第 27～31 行或第 18～25 行、第 42～50 行，使用全部代码编译不能通过。

如果想让蜂鸣器产生不同音调的声音，需要利用 tone() 函数。tone() 函数的功能是产生固定频率的 PWM 信号来驱动蜂鸣器发声。tone() 函数有两种原型，可以选择代入引脚、发声频率两个参数，或添加发声时长第 3 个参数。发声频率的单位是 Hz，发声时长的单位是 ms。需要注意两点：一是如果在使用 tone() 函数时，没有定义发声时长，则需要使用 notone() 函数停止发声；二是 tone() 函数一次只能在一个引脚上使用，不允许 tone() 函数同时在两个及以上引脚使用。可以通过分时方式在不同引脚使用 tone() 函数。

具体代码如下：

```
1   void setup() {
2
3   }
4
5   void loop() {
6       noTone(BUZZER_PIN);
7       delay(100);
8       tone(BUZZER_PIN,262,200);
9       delay(500);
10      tone(BUZZER_PIN,523,200);
11      delay(500);
12      tone(BUZZER_PIN,294,200);
13      delay(200);
14  }
```

(2) 验证程序、上传设置、上传程序。

请参照项目 2 任务 1 任务实施中的验证程序、上传设置、上传程序执行。

4. 使用库函数令蜂鸣器发出有旋律的声音

(1) 打开 Arduino IDE，输入以下程序代码。

```
1   # define Do 262
2   # define Re 294
3   # define Mi 330
```

```
4   # define Fa 350
5   # define Sol 393
6   # define La 441
7   # define Si 495
8   # define Doo 882
9   # define C 262
10  # define D 294
11  # define E 330
12  # define F 350
13  # define G 393
14  # define A 441
15  # define B 495
16  # define CC 525
17  # define DD 589
18  # define EE 661
19  # define AA 882
20  # include "music_note.c"
21  int buzzer= 3;
22  int scale[]= {G,A,EE,A,G,A,G,A,EE,A,G,
        A,EE,A,G,A,E,
        G,D,E,G,A,B,
        A,EE,A,G,A,G,
        A,EE,B,CC,B,CC,B,A,E,
        D,E,G,A,B,A,EE,A,G,A,
        G,A,EE,A,G,A,EE,A,G,A,
        E,G,D,E,G,A,B,A,EE,A,G,A,
        G,A,EE,B,CC,B,CC,DD,EE,AA};
23  float duration[]= {2,1,1,1,1,7,1,1,1,1,1,
                    1,1,1,1,3,1,
                    3,1,1,1,1,1,
                    1,1,1,1,7,1,
                    1,1,1,1,1,1,1,1,6,
                    1,1,1,1,1,1,1,1,1,7,
                    1,1,1,1,1,1,1,1,1,3,
                    1,3,1,1,1,1,1,1,1,1,7,
                    1,1,1,1,1,1,1,1,1,4};
24  int len= 0;
25  void setup() {
26      pinMode(buzzer,OUTPUT);
27      len= sizeof(scale)/sizeof(scale[0]);
28  }
29  void loop() {
```

```
30    for(int i=0;i<len;i++){
31        tone(buzzer,scale[i]);
32        delay(250*duration[i]);
33        noTone(buzzer);
34        delay(100);
35    }
36    delay(1000);
37 }
```

在实现不同音调的基础上,还想产生基本的音乐,那么就有两个基本的要素:第一是音符;第二就是节奏,也就是拍子,或者说音符时值。之前学过的 delay()函数可以用于延长声音,因此如果规定四分音符的时延,编写一个时延数组就可以控制延长的时间。值得注意的是,delay()函数的参数是 unsigned long,因此四分音符的时延基数不妨设置为偶数,这样其他音符就可以减半和加倍。如果没有太多连音和更小时值的音符,那么这样做就很方便。

先编写音符表,也就是常用的音符和具体频率的关系。程序中采用音符和音名的不同记法,可以灵活选用,具体程序如前所述:

第 1~8 行为音符记法。

第 9~19 行为音名记法。

第 20 行,首先调用音符表。

第 21 行,定义蜂鸣器口为引脚 3,这样能够采用 PWM 信号对蜂鸣器进行有效控制。

第 22 行,定义旋律表。

第 23 行,定义音符时值,也就是每个音符持续多久,这个是由具体歌曲而定的。在具体的歌曲中采用不同的时长,就能体现出节拍的感觉。

第 24 行,定义了 len 变量,后面用于统计音符个数。

第 25~28 行,程序的初始化部分。在这里定义了蜂鸣器接口的具体工作模式。

第 29~37 行,利用 tone()函数结合循环和延时函数构建了具体发音部分,这里 tone()是 Arduino 芯片自带的函数,具体函数功能请参照器件手册函数说明。

(2)验证程序、上传设置、上传程序。

请参照项目 2 任务 1 任务实施中的验证程序、上传设置、上传程序执行。

任务扩展

使用库函数,利用蜂鸣器输出调和旋律,产生一首你喜欢的歌曲,作为报警器的警铃。

任务 2　实现夜视电子门铃

任务解析

本任务是进一步利用 Arduino 的数字量 I/O 部分的输出功能,通过操作具体的某个数字 I/O

口来控制与其连接的按键开关,控制 LED 的亮灭,以实现用于照明的 LED 点亮。

 知识链接

一、电阻

说到电阻,别看它小小一颗(水泥电阻或大功率的电阻较大),在电路板上可是不可或缺的部分呢!从名称来看,电阻就是阻止电通过的元件,所以有时候在接 LED 来测试亮暗控制时,会搭配一个阻值不太大的电阻作为限流电阻,以避免通过的电流太大而把 LED 烧坏。其实,电阻还有许多作用,如和电容组成滤波电路,过滤掉电源或信号的噪声等。任何设备都有阻值的存在,只是大小不同而已。

图 3-8、图 3-9 所示为常用电阻实物图和图形符号。

图 3-8　电阻实物图

（a）软件中的画法　　　　（b）国家标准中的画法

图 3-9　电阻图形符号

电阻是电子行业最常见、应用最广泛的元件之一,其英文为 Resistor,常用 R 来表示。它的单位是欧[姆],用符号 Ω 来表示。在物理学中,电阻表示导体对电流阻碍作用的大小,电阻越大,对电流的阻碍作用越大。电阻元件是对电流呈现阻碍作用的耗能元件。

对于一个电阻,最直观的认识是这个电阻是多大的,也就是它的阻值是多少。那么电阻的阻值该怎么读?下面具体介绍读数方法。

1. 色环法

色环电阻的识别方法不是随便规定的,这个方法是科学的、严谨的,非常值得学习。它实际上是数学方法的演绎和变通;它和 10 的整数幂、乘方的指数具有密切的逻辑关系;它是国际上通用的科学计数法的"色彩化"。因此,同学们今后深入学习下去,一定会体会到这个方法既是十分美妙,又是十分巧妙的。

关于电阻的单位:电阻的基本单位是欧[姆],那什么是 1 欧[姆]?假如一段导线,两端的电压是 1 伏[特],此时流过导线的电流是 1 安[培],那么这段导线的电阻就是 1 欧[姆]。欧姆的符号是 Ω,千欧符号是 kΩ,兆欧符号是 MΩ。换算关系:1 000 Ω=1 kΩ,1 000 kΩ=1 MΩ。

颜色和数字的对应关系:首先介绍颜色和数字之间的对应关系,这种规定是国际上公认的识别方法,记住它对进一步学习很有帮助,具体见表 3-3。

表 3-3　电阻色环颜色和数字对应关系

颜色	棕	红	橙	黄	绿	蓝	紫	灰	白	黑
数字	1	2	3	4	5	6	7	8	9	0

建议分两段记忆：

棕 红 橙 黄 绿；

蓝 紫 灰 白 黑。

此外，还有金、银两个颜色要特别记忆。它们在色环电阻中，处在不同的位置，具有不同的数字含义，这是需要特别注意的。后面会具体介绍。

所谓"四色环电阻"，就是指用四条色环表示阻值的电阻。从左向右数，第一、二环表示两位有效数字，第三环表示数字后面添加"0"的个数。所谓"从左向右"，是指把电阻按图 3-10 中所画的样子放置——四条色环中，有三条相互之间离得比较近，而第四环距离稍微大一些。

但是，在部分电阻产品中，要区分色环距离的大小的确很困难，哪一环是第一环，往往凭借经验来识别；对四色环而言，还有一点可以借鉴，那就是：四色环电阻的第四环，不是金色，就是银色，而不会是其他颜色（这一点在五色环中不适用）。这样就可以知道哪一环是第一环了。

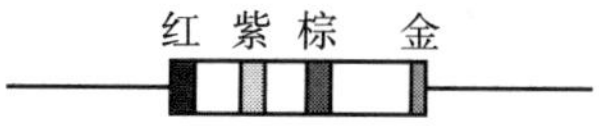

红	紫	棕		金
2	7	1个0		5%

图 3-10　电阻色环示例 1

第一环：红，代表 2。

第二环：紫，代表 7。

第三环：棕，代表 1，但是第三环的"1"并不是"有效数字"，而是表示在前面两个有效数字后面添加"0"的个数。

由此可知，这个电阻的阻值应该是 270。单位是什么？在色环电阻中，一律默认为 Ω。故上述电阻的阻值是 270 Ω。

那么，第四环又是什么意思？第四环表示电阻的"精度"，也就是阻值的误差。金色代表误差 ±5%，银色代表误差 ±10%。对 270Ω 而言，±5% 的误差，意味着这个电阻实际最小的阻值是 270×(1−0.05)Ω=256.5 Ω；最大不会超过 270×(1+0.05)Ω=283.5 Ω。

在识别四色环电阻时，有两个情况要特别注意：

(1) 当第三环是黑色的时候，这个黑环代表 0 的个数，几个 0？是 0 个"0"，也就是"没有 0"，不添加"0"，如图 3-11 所示。

阻值是：22 Ω 而不是 220 Ω。

(2) 金色和银色也会出现在第三环中。前面已经提到，第四环是表示误差的色环，用金、银两种颜色分别表示不同的精度；而第三环表示"添加 0 的个数"，那么当第三环出现金色或银色的时候，又怎么理解"添加 0 的个数"？可以这样理解：

第三环为金色:把小数点向前移动1位;
第三环为银色:把小数点向前移动2位。

红	红	黑		金
2	2	0个0		±5%

图3-11 电阻色环示例2

举两个例子,请读者自己练习读数:
①色环排列:橙灰金 金:阻值是3.8 Ω。
②色环排列:绿黄银 金:阻值是0.54 Ω。

以上是四色环电阻的读数方法。如果是五色环电阻,可参考四色环电阻,唯一的区别就是前三条色环作为电阻的有效数字,后面两位仍为数量级和误差精度参数。

2. 直接读数法

某些电阻表面有数字丝印,只要清楚数字的含义就可以确定阻值和精度了。

贴片电阻阻值误差精度有±1%、±2%、±5%、±10%。常规用得最多的是±1%和±5%。±5%精度的用3位数字来表示,而±1%精度的用4位数字来表示。举例如下:

如图3-12所示,电阻表面的丝印为103。

前2位数字10代表有效数字,第3位数字3代表倍率,即10^3,所以103电阻的阻值为10×10^3 Ω=10 000 Ω=10 kΩ,精度为±5%。

如图3-13所示,电阻表面的丝印为1502。

图3-12　103电阻

图3-13　1502电阻

前3位数字150代表有效数字,第4位数字2代表倍率,即10^2,所以1502电阻的阻值为150×10^2 Ω=15 000 Ω=15 kΩ,精度为±1%。

还有一种情况,就是丝印带R的情况,这表示带有小数的电阻,R所在的位置就是小数点的位置。

电阻表面的丝印为R047。R所在的位置表示小数点的位置,R047就表示0.047 Ω的电阻。

二、按键开关

按键开关有接触电阻小、操作精确、规格多样化等优势,在电子设备及白色家电等方面得到广泛的应用,如影音产品、数码产品、遥控器、通信产品、家用电器、安防产品、玩具、计算机产品、健身器材、医疗器材、验钞笔、激光笔按键等。

关于五脚按键开关的脚位问题:2 个引脚为 1 组,向开关体正确施压时 4 个引脚相导通,第 5 个引脚为接地作用。

按键开关是随着电子技术发展的要求而开发的第四代开关产品,最早的类型为 12 mm× 12 mm、8 mm×8 mm 两种,现在为 6 mm×6 mm。产品结构有立式、卧式和卧式带地端 3 种,满足国内各种电子产品要求。安装尺寸有 6.5 mm×4.5 mm、5.5 mm×4 mm 和 6 mm×4 mm3 种。国外已有 4.5 mm×4.5 mm 小型按键开关和片式按键开关,片式按键开关适用于表面组装。

现在已有第五代开关——薄膜开关,其功能与按键开关相同,主要用于电子仪器和数控机床,但电阻大、手感差。为了克服手感差的缺点,在薄膜开关内不用银层作接触点,而是装上接触簧片。

按键开关(见图 3-14)。分成两大类:利用金属簧片作为开关接触片的称按键开关,接触电阻小,手感好,有"滴答"清脆声;利用导电橡胶作为接触通路的开关习惯称为导电橡胶开关,开关手感好,但接触电阻大,一般为 100~300 Ω。按键开关是靠按键向下移动,使接触簧片或导电橡胶块接触焊片,从而形成通路。

图 3-14　按键开关

按键开关的操作力与簧片所处的状态有关。开始操作力与簧片的压缩距离成正比,当簧片压缩到 5%~70%时,操作力突然减少,并伴有"滴答"声。导电橡胶开关一般有两种结构:操作力曲线随导电橡胶块的几何形状不同而有很大的差异。常用参数如下:相对湿度<95%,额定电压为 12 V,额定电流为 50 mA,温度为−25~+70 ℃。

在数字电路中,开关(switch)是一种基本的输入形式,它的作用是保持电路的连接或者断开。Arduino 从数字 I/O 引脚上只能读出高电平(5 V)或者低电平(0 V),因此首先面临的一个问题就是如何将开关的开/断状态转变成 Arduino 能够读取的高/低电平。解决的办法是通过上/下拉电阻。

在上拉电路中,开关一端接地,另一端则通过一个 10 kΩ 的上拉电阻接电源,输入信号从开关和电阻间引出,如图 3-15 所示。当开关断开时,输入信号被电阻"拉"向电源,形成高电平(5 V);当开关接通的时候,输入信号直接与地相连,形成低电平。对于经常用到的按压式开关来讲,就是按下为低,抬起为高。

在下拉电路中,开关一端接电源,另一端则通过一个 10 kΩ 的下拉电阻接地,输入信号从开关和电阻间引出,如图 3-16 所示。当开关断开的时候,输入信号被电阻"拉"向地,形成低电平(0 V);当开关接通的时候,输入信号直接与电源相连,形成高电平。对于经常用到的按压式开关来讲,就是按下为高,抬起为低。

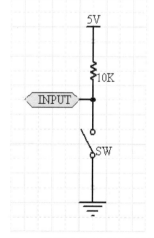

图 3-15　正逻辑电路(上拉)按键接法

任务实施前需准备好表 3-4 所列设备和资源。

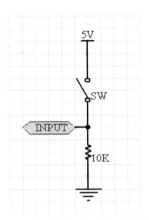

图 3-16　负逻辑电路(下拉)按键接法

表 3-4　设备清单表

序号	设备/资源名称	数量
1	Arduino IDE	1
2	Arduino 开发板	1
3	LED	1
4	按键	1

要完成本任务,可以将实施步骤分成以下几步:

(1)连接 Arduino 与 LED 和按键。

(2)使用库函数实现 KEY1 能够控制 LED 开启,也就是点亮;KEY2 能够控制 LED 关闭,也就是熄灭。

(3)使用库函数实现 KEY1 控制 LED 的开启与关闭,也就是按下 KEY1,LED 开启;下一次按下 KEY1 关闭 LED。

(4)使用库函数实现 KEY1 控制 LED 长闪 3 次,KEY2 控制 LED 短闪 7 次。

具体实施步骤如下:

1. 连接 Arduino 与 LED 和按键

电路连接示意图如图 3-17 所示。

按照图 3-15 将按键与 Arduino D2、D6 引脚连接。

按照图 3-18 将 LED 与 Arduino D3 引脚连接。

电路规划:在数字引脚 D2 和 D6 分别连接两个按键,在数字引脚 D3 连接 1W 的 LED。按键的连接电路是一端接地,另一端接数字引脚 D2 或 D6,因此,从硬件电路可知,引脚 D2 需设置内部上拉电阻,当按键按下时,地的 0 V 电平会引入单片机内部,拉低引脚 D2 或 D6 电平;当松开按键时,由于内部上拉电阻的存在,会自动拉高该引脚。在 LED 电路中,LED 的负端接地,正端连接引脚 D3,因此,当引脚 D3 为高电平时,LED 点亮;当引脚 D3 为低电平时,LED 熄灭。

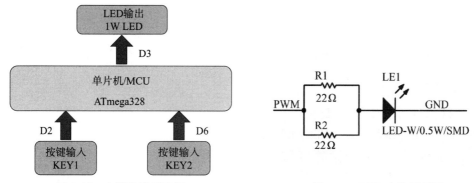

图 3-17 电路连接示意图　　图 3-18 LED 电路原理图

2. 使用库函数实现 KEY1 能够控制 LED 开启，也就是点亮；KEY2 能够控制 LED 关闭，也就是熄灭

（1）打开 Arduino IDE，输入以下程序代码：

```
1  //------- Declare-LED1W-MD1----------------
2  # define LED 3
3  //------- Declare-KEY-------------------
4  # define KEY1 2
5  # define KEY2 6
6
7  void  setup(){
8  //------------ Setup-ED1W-MD1---------------
9    pinMode(LED,OUTPUT);
10     digitalWrite(LED,LOW);
11  //------------ Setup-KEY------------------
12   //declare KEY1_PIN,KEY2_PIN
13     pinMode(KEY1,INPUT_PULLUP);
14     pinMode(KEY2,INPUT_PULLUP);
15  }
16
17  void loop(){
18     int BnState=digitalRead(KEY1);
19     if(BnState==0){
20       delay(500);
21       digitalWrite(LED,HIGH);
22  }
23     BnState=digitalRead(KEY2);
24     if(BnState==0)
```

微课 ● 按键识别与 LED 控制

微课 ● Arduino 数字 IO 的使用

```
25    {
26      delay(500);
27      digitalWrite(LED,LOW);
28    }
29  }
```

第 2、4、5 行,定义了按键和 LED 使用的引脚。

第 9 行,pinMode() 函数设置 LED 引脚为输出方向。

第 10 行,digitalWrite() 函数设置 LED 引脚输出低电平。

第 13、14 行,设置 KEY1、KEY2 引脚为输入方向并且启用内部上拉。在 Arduino IDE 中颜色为青色的关键字是 Arduino IDE 能够支持的系统关键字,可以在 Arduino 网站中找到该关键字的含义。

上述代码部分完成了程序执行之前的一些初始化工作,接下来看 loop() 函数。

第 18 行,int 定义了 BnState 并赋值读取 KEY1 状态之后的结果,根据前面硬件电路的分析,digitalRead(KEY1) 会返回按键的状态。如果按键按下返回低电平,也就是数字 0;按键松开会返回高电平,也就是数字 1。

第 19 行,if 语句判断按键值是否等于 0,意思是判断按键是否被按下,如果未按下按键,结束 if 语句;如果按下按键,执行第 20、21 行语句。

第 20 行是延时 0.5 s。

第 21 行是使用 digitalWrite() 函数使得 LED 连接的引脚 D3 输出高电平,也就是点亮 LED。

第 23 行与第 18 行语句类似,区别是 BnState 已经被定义过,无须重新定义。第 23 行语句读取了当前 KEY2 按键的状态。

第 24~28 行,与第 19~22 行类似,区别是当 KEY2 按键按下时,第 27 行语句控制 LED 输出低电平,也就是熄灭 LED。

(2)验证程序、上传设置、上传程序。

请参照项目 2 任务 1 任务实施中的验证程序、上传设置、上传程序执行。

3. 使用库函数实现 KEY1 控制 LED 的开启与关闭,也就是按下 KEY1,LED 开启;下一次按下 KEY1 关闭 LED

(1)打开 Arduino IDE,输入以下程序代码:

```
1   //-------- Declare-LED1W-MD1------------------------
2   # define LED  3
3   //-------- Declare-KEY----------------------------
4   # define KEY1  2
5   # define KEY2  6
6     bool LedState= 0;
7   void setup() {
8   //-------------- Setup-ED1W-MD1-------------------
9     pinMode(LED,OUTPUT);
10    digitalWrite(LED,LOW);
```

```
11   //------------- Setup-KEY-----------------------
12   // declare KEY1_PIN,KEY2_PIN
13     pinMode(KEY1,INPUT_PULLUP);
14     pinMode(KEY2,INPUT_PULLUP);
15   }
16
17   void loop() {
18     int BnState=digitalRead(KEY1);
19     if(BnState==0){
20       while(!digitalRead(KEY1));
21       delay(500);
22       LedState= !LedState;
23     }
24
25     if(LedState==1)
26       digitalWrite(LED,HIGH);
27     else
28       digitalWrite(LED,LOW);
29   }
```

第 6 行,使用 bool 定义了 LedState 变量,bool 是定义二进制的位变量,也就是一个二进制位的空间,要么填入 1,要么填入 0。loop 循环代码部分,可以分为两部分来分析,上面的部分,读取按键的状态,置位 LedState 标志位;下面的代码部分根据 LedState 标志位的值打开或关闭 LED。

第 20 行,因为它是包含在第 19 行 if 语句中,也就是在按键按下时才会执行到第 20 行代码,在按键按下时 digitalRead(KEY1)的返回值为 0,括号里面的叹号在 C 语言中是取反的意思,因此,在按键按下时,取反,结果为 1,也就是 while(1),结果就是当前语句一直执行,也就是在等待按键松开。只有当按键松开之后,digitalRead 返回值为 1,取反为 0,while(0)才会退出 while 语句。

第 22 行,LedState 取反。LedState 本身因它是位变量,所以会根据上一次状态从 1 变 0 或从 0 变 1。

第 25～28 行,使用了 if-else 语句。语句的执行过程是,如果 if 的条件满足,执行第 26 行;否则,执行第 28 行。

(2)验证程序、上传设置、上传程序。

请参照项目 2 任务 1 任务实施的验证程序、上传设置、上传程序执行。

4. 使用库函数实现 KEY1 控制 LED 长闪 3 次,KEY2 控制 LED 短闪 7 次

(1)打开 Arduino IDE,输入以下程序代码:

```
1   //------- Declare-LED1W-MD1---------------------
2   # define LED 3
3   //------- Declare-KEY-------------------------
4   # define KEY1  2
```

```
5   # define KEY2  6
6   bool LedState=0;
7
8   void Flash_LED(int n,int finv){
9     int i;
10    digitalWrite(LED,LOW);
11    for(i=0;i<n;i++)
12    {
13      digitalWrite(LED,HIGH);
14      delay(finv);
15      digitalWrite(LED,LOW);
16      delay(finv);
17    }
18  }
19  void setup() {
20    //------------- Setup-ED1W-MD1-------------------
21    pinMode(LED,OUTPUT);
22    digitalWrite(LED,LOW);
23    //------------- Setup-KEY---------------------
24    // declare KEY1_PIN,KEY2_PIN
25    pinMode(KEY1,INPUT_PULLUP);
26    pinMode(KEY2,INPUT_PULLUP);
27  }
28
29  void loop() {
30    int BnState=digitalRead(KEY1);
31    if(BnState==0){
32      delay(500);
33      Flash_LED(3,1000);
34    }
35    BnState=digitalRead(KEY2);
36    if(BnState==0){
37      delay(500);
38      Flash_LED(7,200);
39    }
40  }
```

因为都是控制 LED 闪烁，所以，可以编写一个函数，设计函数的两个参数为次数和时间。

第 8 行，void 表示该函数无须返回值，Flash_LED 为自定义函数名，需满足函数命名规则，一般由字母、下画线、数字组成，字母或下画线开头，同时，尽量做到见名知义。

第 11 行，for 语句循环的次数为代入参数值 n 次。

第 14 行，延时时间为代入参数值 finv 毫秒。

项目 3　设计夜视电子门铃

从整体上看,参数 n 是执行次数,参数 finv 是 LED 亮灭时间间隔。loop 循环函数同样可以分为两部分分析,上半部分是读取按键 KEY1 的值,第 31 行 if 语句,根据按键状态决定是否执行第 32、33 行语句,在执行第 33 行语句时,实现了 3 次闪烁,每次闪烁间隔是 1 s。下半部分,第 35 行读取按键 KEY2 的值,第 36 行 if 语句同样是有按键按下执行第 37、38 行语句;没有按键 KEY2 按下时,第 37、38 行语句不执行,返回到第 29 行语句开始新一轮循环。

第 38 行,Flash_LED()函数,执行 LED 闪烁 7 次,每次闪烁间隔是 0.2 s。

(2)验证程序、上传设置、上传程序。

请参照项目 2 任务 1 任务实施的验证程序、上传设置、上传程序执行。

任务扩展

使用库函数,利用按键控制 LED 和蜂鸣器同时工作,产生一首你喜欢的歌曲的同时点亮 LED。

项目检查与评价

项目实施过程可采用分组学习的方式。学生 2～3 人组成项目团队,团队协作完成项目,项目完成后撰写项目设计报告,按照测试评分表(见表 3-5),小组互换完成设计作品测试,教师抽查学生测试结果,考核操作过程、仪器仪表使用、职业素养等。

表 3-5　夜视电子门铃测试评分表

	项　目	主要内容	分数
设计报告	系统方案	比较与选择; 方案描述	5
	理论分析与设计	蜂鸣器、LED、按键硬件电路	5
	电路与程序设计	功能电路选择; 控制程序设计	10
	测试方案与测试结果	合理设计测试方案及恰当的测试条件; 测试结果完整性; 测试结果分析	10
	设计报告结构及规范性	摘要; 设计报告正文的结构; 图表的规范性	5
	项目报告总分		35
功能实现	应用 digitalWrite()、digitalRead()函数读取、控制 I/O		15
	应用 analogWrite()函数输出 PWM 控制信号		10
	正确使用 tone()、noTone()函数控制蜂鸣器发出不同音调		15
	能够采用中断方式读取按键状态		10

完成过程	能够查阅工程文档、数据手册,以团队方式确定合理的设计方案和设计参数	5
	在教师的指导下,能团队合作解决遇到的问题	5
	实施过程中的操作规范、团队合作、职业素养、创新精神和工作效率等	5
	项目实施总分	65

✅ 项目总结

通过夜视电子门铃的硬件电路设计和控制程序编写,掌握 Arduino 语法中 digitalWrite()、digitalRead()等函数应用,具备控制蜂鸣器发出音调、应用中断方式识别按键等程序编写能力,如图 3-19 所示。

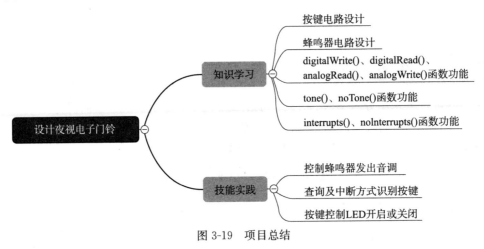

图 3-19 项目总结

项目 4
开发智能终端数据上传系统

项目导入

机器之间,可能只是一台路边的取款机,可能是工厂里数十台的机械设备,它们内部的传感器及控制模块、设备之间都需要通过数据交换来达成某些功能。这些信息除了无线通信外,皆需要通过一条或多条线路将系统连接,由数字信号 0 与 1(也就是电压变化)的组合排列来代表不同的意义。像网络、并行端口、串行端口、USB 等,这些类型的接口协议会依据传输量的大小以及时代的演进,持续地改良、进步,每单位时间内能传输的数据量会逐渐扩增。本项目将根据需要设计一个智能终端数据上传系统,利用串行端口通信,编写一个串行通信驱动用于处理 Arduino 开发板的信息传输,实现智能终端和 PC 之间的信息交流。

学习目标

(1)理解 Arduino 进行串口通信的工作原理。
(2)熟练应用 Serial.read()、Serial.write()等函数进行串口数据的读取和写入。
(3)理解 Serial.available()语句功能用法。
(4)熟练应用 Serial.println()函数控制串口输出显示。
(5)熟练应用 Serial.begin()函数控制串口的波特率。
(6)遵守程序代码书写规范,并能够详细注释程序代码。
(7)具备持续改进的质量意识和勇于战胜困难的意志品质。

任务实施

任务1　编写串行通信驱动

任务解析

学生通过完成本任务,了解 Arduino 的串口部分,学习如何利用 Arduino 社区来学习 Arduino 的串口部分,练习编写串行通信驱动程序,并完成串口数值数据控制。通过 USB 接口将 Arduino 开发板与计算机连接;采用串口通信方式,实现在 Arduino 开发板接收串口数据。

知识链接

一、RS-232 基本介绍

在串行通信时,要求通信双方都采用一个标准接口,使不同的设备可以方便地连接起来进行通信。RS-232-C 接口(又称 EIARS-232-C)是目前最常用的一种串行通信接口。("RS-232-C"中的-C 只不过表示 RS-232 的版本,所以与 RS-232 是一样的)。

它是在 1970 年由美国电子工业协会(EIA)联合贝尔系统、调制解调器厂家及计算机终端生产厂家共同制定的用于串行通信的标准。它的全名是"数据终端设备(DTE)和数据通信设备(DCE)之间串行二进制数据交换接口技术标准"该标准规定采用一个 25 个引脚的 DB-25 连接器,对连接器的每个引脚的信号内容加以规定,还对各种信号的电平加以规定。后来 IBM 的 PC 将 RS-232 简化成了 DB-9 连接器,从而成为事实标准。而工业控制的 RS-232 口一般只使用 RXD、TXD、GND3 条线。主要特点如下:

1. 信号线少

RS-232 总线规定了 25 条线,包含了两个信号通道,即第一通道(称为主通道)和第二通道(称为副通道)。利用 RS-232 总线可以实现全双工通信,通常使用的是主通道,而副通道使用较少。在一般应用中,使用 3~9 条信号线就可以实现全双工通信,采用 3 条信号线(接收线、发送线和信号地)能实现简单的全双工通信过程。

2. 灵活的波特率选择

RS-232 规定的标准传输速率有 50 bit/s、75 bit/s、110 bit/s、150 bit/s、300 bit/s、600 bit/s、1 200 bit/s、2 400 bit/s、4 800 bit/s、9 600 bit/s、19 200 bit/s,可以灵活地适应不同速率的设备。对于慢速外设,可以选择较低的传输速率;反之,可以选择较高的传输速率。

3. 采用负逻辑传送

规定逻辑"1"的电平为−5~−15 V,逻辑"0"的电平为+5~+15 V。选用该电气标准的目的在于提高抗干扰能力,增大通信距离。RS-232 的噪声容限为 2 V,接收器将能识别高至+3 V 的信号作为逻辑"0",将低到−3 V 的信号作为逻辑"1"。

4. 传送距离较远

由于 RS-232 采用串行传送方式,并且将微机的 TTL 电平转换为 RS-232-C 电平,其传送距离一般可达30 m。若采用光电隔离20 mA的电流环进行传送,其传送距离可以达到1 000 m。另外,如果在RS-232总线接口再加上调制解调器,通过有线、无线或光纤进行传送,其传输距离可以更远。

但是RS-232也有一些缺点:

(1)接口的信号电平值较高,易损坏接口电路的芯片。又因为与TTL电平不兼容,故需使用电平转换电路方能与TTL电路连接。

(2)传输速率较低,Arduino支持的波特率(Hz)包括:300、1 200、2 400、4 800、9 600、14 400、19 200、28 800、38 400、57 600和115 200。

(3)接口使用1根信号线和1根信号返回线而构成共地的传输形式,这种共地传输容易产生共模干扰,所以抗噪声干扰性弱。

(4)传输距离有限,最大传输距离标准值为15 m左右。

二、Arduino与串行端口通信

在Arduino中,标准程序下载的接口是RS-232,通过USB的接线经由Arduino的转换芯片后,与第0和第1两个数字引脚连接,分别是RX与TX。

因此,在开启Arduino的开发环境后,可以在Tools内的Serial Port选择目前连接的通信端口。若计算机中有多个通信端口,而第一次使用不确定时,可以在计算机的设备管理器中寻找连接端口。正确连接上Arduino后,在列表中应该会显示USB Serial Port(COM号码),括号内的号码会随计算机的不同和曾经连接过的串行端口的设备而改变,计算机内显示的是COM13,故在Arduino环境中要选择COM13来做程序下载或数据传输测试的通信端口。如果有两块以上不同的Arduino开发板,要注意每块的通信端口号码都会不一样,使用前必须先行确认。如果只是更换开发板上的微处理器,这不会影响COM。通常第一次将Arduino与计算机接上使用之后,开发环境会记住对应的COM,省去每次开启都要重新设定的工作。

可以使用Arduino IDE内置的串口监视器与Arduino开发板通信。单击工具栏上的"串口监视器"按钮,调用begin()函数(选择相同的波特率)。

Arduino Mega有3个额外的串口:Serial 1使用19(RX)和18(TX),Serial 2使用17(RX)和16(TX),Serial3使用15(RX)和14(TX)。若要使用这3个引脚与个人计算机通信,需要一个额外的USB转串口适配器,因为这3个引脚没有连接到Mega上的USB转串口适配器。若要用它们来与外部的TTL串口设备进行通信,将TX引脚连接到设备的RX引脚,将RX引脚连接到设备的TX引脚,将GND连接到设备的GND。(不要将这些引脚直接连接到RS-232串口;它们的工作电压为±12 V,可能会损坏Arduino开发板。)

三、常用库函数

Arduino开发了用于开发板和一台计算机或其他设备之间的通信Serial函数。所有的Arduino开发板有至少一个串口(又称UART或USART)。它通过0(RX)和1(TX)数字引脚经过串口转换芯片连接计算机USB端口与计算机进行通信。因此,如果使用这些功能的同时不能使用引脚0和1作为输入或输出。

1) if (Serial)

说明:表示指定的串口是否准备好。

语法:if (Serial)

参数:无。

返回:布尔值。如果指定的串口是可用的,则返回 true。

示例:

```
void setup() {
  //初始化串口和等待端口打开
  Serial.begin(9600);
  while(!Serial){
    ;//等待串口连接
  }
}
void loop() {
  //正常进行
}
```

2) available()

说明:获取从串口读取有效的字节数(字符)。这是已经传输到并存储在串行接收缓冲区(能够存储 64 B)的数据。available()继承了 Stream 类。

语法:Serial.available()

参数:无。

返回:可读取的字节数。

示例:

```
incomingByte= 0;                    //传入的串行数据
void setup() {
  Serial.begin(9600);               // 打开串行端口,设置传输波特率为 9 600 bit/s
}
void loop() {
  //只有当接收到数据时才会发送数据
  if (Serial.available()> 0) {
    //读取传入的字节
    incomingByte= Serial.read();
    //显示得到的数据
    Serial.print("I received: ");
    Serial.println(incomingByte,DEC);
  }
}
```

3) begin()

说明:将串行数据传输速率设置为 bit/s(波特)。与计算机进行通信时,可以使用这些波特率:300,1 200,2 400,4 800,9 600,14 400,19 200,28 800,38 400,57 600 或 115 200。当然,也可以指定其他波特率。例如,引脚 0 和 1 和一个元件进行通信,它需要一个特定的波特率。

语法：Serial. begin(speed)

参数：speed，以每秒位数（波特）为单位。允许的数据类型：long

返回：无。

示例：

```
void setup() {
  Serial.begin(9600);// 打开串口,设置数据传输速率为 9 600 bit/s
}
void loop() {
  Serial.println("Hello Computer");
}
```

4）end()

说明：停用串行通信，使 RX 和 TX 引脚用于一般输入和输出。要重新使用串行通信，需要 Serial. begin()语句。

语法：Serial. end()

参数：无。

返回：无。

5）find()

说明：Serial. find() 从串行缓冲器中读取数据，直到发现给定长度的目标字符串。如果找到目标字符串，该函数返回 true；如果超时，则返回 false。

语法：Serial. find(target)

参数：target 为要搜索的字符串（字符）。

返回：布尔型。

6）findUntil()

说明：Serial. findUntil()从串行缓冲区读取数据，直到找到一个给定的长度或字符串终止位。如果目标字符串被发现，该函数返回 true；如果超时，则返回 false。Serial. findUntil()继承了 Stream 类。

语法：Serial. findUntil(target,terminal)

参数：target 为要搜索的字符串（char）；terminal 为在搜索中的字符串终止位（char）。

返回：布尔型。

7）flush()

说明：等待超出的串行数据完成传输。flush()继承了 Stream 类。

语法：Serial. flush()

参数：无。

返回：无。

8）parseFloat()

说明：Serial. parseFloat()命令从串口缓冲区返回第一个有效的浮点数。

语法：Serial. parseFloat()

参数：无。

返回：float。

9) parseInt()

说明：查找传入的串行数据流中的下一个有效的整数。

语法：Serial. parseInt()

　　　Serial. parseInt(lookahead)

　　　Serial. parseInt(lookahead,ignore)

参数：lookahead 用于在流中向前查找整数的模式；ignore 用于在搜索中跳过指定的字符。例如，用于跳过千位分隔符。允许的数据类型：char。

返回：int，下一个有效的整数。

10) peek()

说明：返回传入的串行数据的下一个字节（字符），而不是进入内部串行缓冲器调取。也就是说，连续调用 peek()将返回相同的字符，与调用 read()方法相同。

语法：Serial. peek()

参数：无。

返回：传入的串行数据的第一个字节(或-1,如果没有可用的数据)，类型为 int。

11) print()

说明：以人们可读的 ASCII 文本形式打印数据到串口输出。此命令可以采取多种形式。每个数字的打印输出使用的是 ASCII 字符。浮点型同样打印输出的是 ASCII 字符,保留到小数点后 2 位；Bytes 型则打印输出单个字符；字符和字符串原样打印输出。Serial. print()打印输出数据不换行，Serial. println()打印输出数据自动换行处理。例如：

Serial. print(78)输出为"78"。

Serial. print(1.23456)输出为"1.23"。

Serial. print("N")输出为"N"。

Serial. print("Hello world.")输出为"Hello world."。

也可以自己定义输出为几进制(格式)。可以是 BIN(二进制,或以 2 为基数),OCT(八进制,或以 8 为基数),DEC(十进制,或以 10 为基数),HEX(十六进制,或以 16 为基数)。对于浮点型数据,可以指定输出的小数数位。例如：

Serial. print(78,BIN)输出为"1001110"。

Serial. print(78,OCT)输出为"116"。

Serial. print(78,DEC)输出为"78"。

Serial. print(78,HEX)输出为"4E"。

Serial. println(1.23456,0)输出为"1"。

Serial. println(1.23456,2)输出为"1.23"。

Serial. println(1.23456,4)输出为"1.2346"。

语法：Serial. print(val)

Serial.print(val,format)

参数：val 为打印输出的值，可以是任何数据类型；format 为指定进制（整数数据类型）或小数位数（浮点类型）。

返回：字节（byte），print()将返回写入的字节数，但是否使用（或读出）这个数字是可设定的。

示例：

```
/* 使用 for 循环打印一个数字的各种格式 */
int x=0;       // 定义一个变量并赋值
void setup() {
  Serial.begin(9600);
// 打开串口传输，并设置串口波特率为 9 600 bit/s
}
void loop() {    //打印标签
  Serial.print("NO FORMAT");       // 打印一个标签
  Serial.print("\t");              // 打印一个转义字符
  Serial.print("DEC");
  Serial.print("\t");
  Serial.print("HEX");
  Serial.print("\t");
  Serial.print("OCT");
  Serial.print("\t");
  Serial.print("BIN");
  Serial.print("\t");
  for(x=0;x<64;x++){
// 打印 ASCII 码表的一部分，修改它的格式得到需要的内容
//打印多种格式：
    Serial.print(x);
    //以十进制格式将 x 打印输出
    Serial.print("\t");     // 横向跳格
    Serial.print(x,DEC);    // 以十进制格式将 x 打印输出
    Serial.print("\t");     // 横向跳格
    Serial.print(x,HEX);    // 以十六进制格式将 x 打印输出
    Serial.print("\t");     // 横向跳格
    Serial.print(x,OCT);    // 以八进制格式将 x 打印输出
    Serial.print("\t");     // 横向跳格
    Serial.println(x,BIN);
    //以二进制格式将 x 打印输出，然后用 "println"打印一个回车
    delay(200);             // 延时 200 ms
  }
  Serial.println("");       // 打印一个空字符，并自动换行
}
```

12) println()

说明:打印数据到串行端口,输出人们可识别的 ASCII 码文本并回车(ASCII 13,或 '\r')及换行(ASCII 10,或'\n')。此命令采用的形式与 Serial.print()相同。

语法:Serial.println(val)
　　　Serial.println(val,format)

参数:val 为打印的内容,可以是任何数据类型;format 为指定进制数据(整数数据类型)或小数位数(浮点类型)。

返回:字节(byte),println()将返回写入的字节数,但可以选择是否使用它。

示例:

```
/* 模拟输入信号,读取模拟口 0 的模拟输入,打印输出读取的值。*/
int analogValue= 0;      // 定义一个变量来保存模拟值
void setup() {
  //设置串口波特率为 9 600 bit/s
  Serial.begin(9600);
}
void loop() {
  //读取引脚 0 的模拟输入
  analogValue= analogRead(0);
  //打印各种格式
  Serial.println(analogValue);
  Serial.println(analogValue,DEC);
  //打印 ASCII 编码的十进制
  Serial.println(analogValue,HEX);
  //打印 ASCII 编码的十六进制
  Serial.println(analogValue,OCT);
  //打印 ASCII 编码的八进制
  Serial.println(analogValue,BIN);
  //打印 ASCII 编码的二进制
  //延时 10 毫秒:
  delay(10);
}
```

13) read()

说明:读取传入的串口的数据。

语法:Serial.read()

参数:无。

返回:传入的串口数据的第一个字节(或-1,如果没有可用的数据),类型为 int。

示例:

```
int incomingByte= 0;   // 传入的串行数据
void setup() {
```

```
    Serial.begin(9600);      // 打开串口,设置数据传输速率为 9 600 bit/s
}
void loop() {
  // 当接收数据时发送数据
  if (Serial.available() > 0) {     // 读取传入的数据
    incomingByte= Serial.read();
    //打印得到的数据
    Serial.print("I received: ");
    Serial.println(incomingByte,DEC);
  }
}
```

14) readBytes()

说明:Serial.readBytes()从串口读字符到一个缓冲区。如果预设的长度读取完毕或者时间到了(参见 Serial.setTimeout()),函数将终止。Serial.readBytes()返回放置在缓冲区的字符数。返回 0,意味着没有发现有效的数据。

语法:Serial.readBytes(buffer,length)

参数:buffer 为用来存储字节(char[]或 byte[])的缓冲区;length 为读取的字节数(int)。

返回:byte。

15) readBytesUntil()

说明:Serial.readBytesUntil()将字符从串行缓冲区读取到一个数组。如果检测到终止字符,或预设的读取长度读取完毕,或者时间到了(参见 Serial.setTimeout())函数将终止。

Serial.readBytesUntil()返回读入数组的字符数。返回 0,意味着没有发现有效的数据。

语法:Serial.readBytesUntil(character,buffer,length)

参数:character 为要搜索的字符(char);buffer 为用来存储字节(char[]或 byte[])的缓冲区;length 为读取的字节数(int)。

返回:byte

16) setTimeout()

说明:Serial.setTimeout()设置使用 Serial.readBytesUntil() 或 Serial.readBytes()时等待串口数据的最大毫秒值。默认为 1 000 ms。

语法:Serial.setTimeout(time)

参数:time 为超时时间,以毫秒为单位。允许的数据类型:long。

返回:无。

17) write()

说明:写入二进制数据到串口。发送的数据以一个字节或者一系列的字节为单位。如果写入的数字为字符,需使用 print()命令进行代替。

语法:Serial.write(val)

Serial. write(str)

Serial. write(buf,len)

参数:val 为以单个字节形式发的值;str 为以一串字节的形式发送的字符串;buf 为以一串字节的形式发送的数组;len 为数组的长度

返回:字节(byte)。write()将返回写入的字节数,但是否使用这个数字是可设定的。

示例:

```
void setup(){
  Serial.begin(9600);
}
void loop(){
  Serial.write(45);// 发送一个值为 45 的字节
  int bytesSent= Serial.write("hello");//发送字符串"hello",返回该字符串的长度
}
```

任务实施

任务实施前需准备好表 4-1 所列设备和资源。

表 4-1 设备清单表

序号	设备/资源名称	数量
1	Arduino IDE	1
2	Arduino 开发板	1

串行通信是实现 PC 与微控制器进行交互的最简单的办法。之前的 PC 上一般都配有标准的 RS-232 或者 RS-422 接口来实现串行通信,但现在这种情况已经发生了一些改变,大家更倾向于使用 USB 这样一种更快速但同时也更加复杂的方式来实现串行通信。尽管在有些计算机上现在已经找不到 RS-232 或者 RS-422 接口了,但仍可以通过 USB/串口或者 PCMCIA/串口这样的转换器,在这些设备上得到传统的串口。

通过串口连接的 Arduino 在交互式设计中能够为 PC 提供一种全新的交互方式,比如用 PC 控制一些之前看来非常复杂的事情,像声音和视频等。很多场合中都要求 Arduino 能够通过串口接收来自 PC 的命令,并完成相应的功能。这可以通过 Arduino 语言中提供的 Serial.read()函数来实现。

在本任务中不需要任何额外的电路,而只需要用串口线将 Arduino 和 PC 连起来就可以了,如图 4-1 所示。

要完成本任务,可以将实施步骤分成以下几步:

(1)利用库函数实现 Arduino 串口接收到字符 1,打开 LED;接收到字符 2,关闭 LED。

(2)利用库函数实现 Arduino 串口接收到字符,将该字符以十进制形式输出。

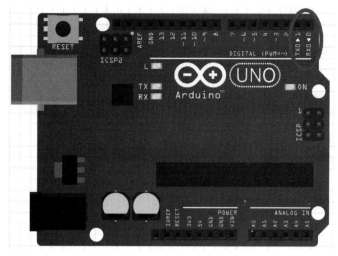

图 4-1 串口位置示意图

具体实施步骤如下：

1. 利用库函数实现 Arduino 串口接收到字符 1，打开 LED；接收到字符 2，关闭 LED

(1) 打开 Arduino IDE，输入以下程序代码：

串口通信应用
——从 Arduino
接收串口数据

```
1   const int ledPin=13;
2   int blinkRate=0;
3
4   void setup() {
5     Serial.begin(9600);
6     pinMode(ledPin,OUTPUT);
7   }
8
9   void loop() {
10    if(Serial.available()){
11      char ch=Serial.read();
12      switch(ch){
13        case '1':
14          Serial.println("open LED");
15          digitalWrite(ledPin,HIGH);
16          break;
17        case '2':
18          Serial.println("close LED");
19          digitalWrite(ledPin,LOW);
20          break;
21      }
22    }
23  }
```

在代码部分，setup()函数初始化串口波特率为9 600，LED引脚为输出方向。

第10行，使用Serial.available()函数，功能是返回串口缓冲区中当前剩余的字符个数。一般用这个函数来判断串口的缓冲区有无接收数据。当有数据时，if(Serial.available())为真，执行if语句。

第11行，Serial.read()函数，功能是读取串口数据，每次1字节，并存放到ch变量中。

第12行开始，使用了switch语句，它相当于多路开关，将ch变量的值与case的常量进行匹配。如果ch变量的值为字符1，执行case 1到第16行break；如果ch变量的值为字符2，执行case 2到第20行break语句。注意：计算机端串口监视器发送过来的是ASCII码字符1，它的十进制值是49。

第14行语句与第18行语句类似，目的是在计算机端得到回显，也就是在计算机端发送字符1时，计算机端显示open LED字符串。

(2)验证程序、上传设置、上传程序。

请参照项目2任务1任务实施中的验证程序、上传设置、上传程序执行。

程序验证过程：将程序代码下载到Arduino开发板之后，打开计算机端串口监视器，在发送栏输入1，单击"发送"按钮，计算机端显示open LED，Arduino端LED点亮；在发送栏输入2，单击"发送"按钮，计算机端显示close LED，Arduino端LED熄灭。具体如图4-2所示。

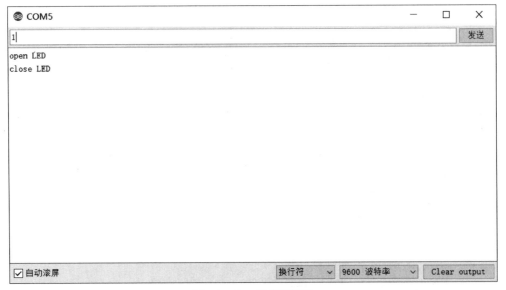

图4-2 串口监视器演示

2. 利用库函数实现Arduino串口接收到字符，将该字符以十进制形式输出。

(1)打开Arduino IDE，输入以下程序代码：

```
1    char receive= 0;
2
3    void setup() {
4        Serial.begin(9600);
```

```
5      Serial.println("Start:");
6  }
7
8  void loop() {
9      if(Serial.available()){
10         receive= Serial.read();
11         Serial.println(receive);
12     }
13  }
```

第 1 行,定义了一个变量 receive,初值为 0。
第 5 行,在 Arduino 端输出 Start 字符串。
第 9 行,在 Arduino 端接收串口数据。
第 10 行,使用 Serial.read()函数读取一个串口数据,并保存到变量 receive 中。
第 11 行,将接收到的字符以十进制形式输出,方便在计算机端串口监视器中查看。
(2)验证程序、上传设置、上传程序。
请参照项目 2 任务 1 任务实施中的验证程序、上传设置、上传程序执行。
具体如图 4-3 所示。

图 4-3 串口监视器演示 2

在计算机端发送 hello world 时,计算机端接收到 Arduino 端发送的十进制的一个一个数值,比如大写字母 H,在 ASCII 码中的十进制值为 72;小写字母 E,在 ASCII 码中的十进制为 101。
也可以将上述代码进行修改。第 1 行变量定义修改为 char 字符型。第 11 行代码直接输出字符型变量,具体程序如下:

```
1  char receive= 0;
2
3  void setup()  {
```

```
4    Serial.begin(9600);
5    Serial.println("Start:");
6  }
7
8  void loop()  {
9    if(Serial.available()){
10      receive= Serial.read();
11      Serial.println(receive);
12    }
13  }
```

因此,在计算机端就可以看到 Arduino 端发送过来的一个一个的 H\e\l\l\o W\o\r\l\d\!,如图 4-4 所示。

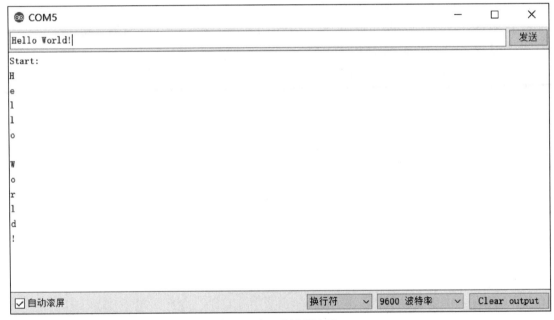

图 4-4　串口监视器演示 3

任务扩展

请按照所学串口驱动控制方法,由 Arduino 发送自己的姓名、学号到计算机端。

任务 2　实现智能终端数据上传系统

任务解析

在了解串行通信原理的基础上,利用串口通信驱动,实现终端和智能终端 PC 的通信。设计一种数据上传程序，并将程序中的数值数据打印显示到串口助手界面中。

一、同步通信与异步通信

在了解串行端口通信之前，先来认识同步通信（Synchronous Communication）与异步通信（Asynchronous Communication）同步通信与异步通信是依据两个设备间收发数据时，时序同步的方式来区分的，也就是怎么确定数据传输的开始和结束。同步通信内的整个数据序列以连续的位方式传送，且以较高的速率传输大数据区块，因此要求发生时钟和接收时钟保持严格同步，硬件相对复杂。而异步通信主要用于数据的不定期传输，通常用于位产生的速率不确定或以较低的速率传输位，为了确定能接收到位，在每个位前后会被起始位及结束位包住，以确定传输的有效性，此方式错误率较低。异步通信包含了 RS-232、RS-499、RS-423、RS-422 和 RS-485 等接口标准规范和总线标准规范。

二、全双工和半双工

全双工（Full-Duplex）和半双工（Half-Duplex）的区分类似于一心多用。当两个人在说话时，你可以在说话的同时听到并了解对方在说什么，对方也可以跟你用这样的方式沟通，这就是全双工，即设备的收发数据是可以同时进行的。而半双工则是接收数据和传送数据在同一时间只能选择一样来做。不同的设备，有的是全双工，有的则是半双工，使用通信协议时需要了解其能力。一样的数据流，全双工会比较省时；半双工则会多了些信号判断来决定是否传送结束、是否可以换另一方传送。

再举一个简单的例子，对讲机就是半双工的一种，因为两个人同时只能其中一个人说话，另一个人听。电话则是全双工，你从传声器（话筒）说话的同时也可以从受话器（听筒）里听到对方的声音。

任务实施前需准备好表 4-2 所列设备和资源。

表 4-2 设备清单表

序号	设备/资源名称	数量
1	Arduino IDE	1
2	Arduino 开发板	1

Arduino 开发板通过 USB 连接计算机。需要注意的是，Arduino 开发板与计算机之间并不是采用 USB 协议进行数据传输，而是采用串行通信进行数据传输，因此，需要在计算机端安装 USB 转串口驱动程序。驱动安装之后如何查看呢？打开计算机端的设备管理器，展开"端口"选项，当看到如包含 USB-to-Serial 驱动时，就代表驱动安装成功，对应到 COMx 端口，与连接计算机哪个

USB端口有关,也可以通过右击修改。

驱动查看路径:设备管理器/端口(COM 和 LPT),如图 4-5 所示。

· 微 课

串口通信应用
——从 Arduino
发送信息到计算机

图 4-5　查看串口驱动

要完成本任务,可以将实施步骤分成以下几步:

(1)利用库函数,从 Arduino 发送调试信息到计算机。

(2)利用库函数,从 Arduino 发送不同类型信息到计算机。

(3)利用库函数,从 Arduino 发送二进制数据。

具体实施步骤如下:

1. 利用库函数,从 Arduino 发送调试信息到计算机

(1)打开 Arduino IDE,输入以下程序代码。

```
1   void setup() {
2       Serial.begin(9600);
3   }
4
5   int number= 0;
6
7   void loop() {
8       Serial.print("The number is");
9       Serial.println(number);
10      delay(500);
11      number++;
12  }
```

第 2 行,使用了 Serial.begin()函数,该函数的功能是设置串行端口的传输速率,也就是波特率,参数中代入了 9600,参数的类型是 int,通常在 300~115 200 之间。

第 8 行,使用了 Serial.print()函数,第 9 行使用了 Serial.println()函数,两个函数的功能非常类似,都是通过串口 UART 将数据送出。注意:这个数据从 Arduino 端送出,也就是在计算机端通过 USB 接收数据。它们的区别是:println()函数多送出\r\n 的数据,也就是在输出数据之后换到新的

一行。\r\n 是 C 语言中使用的转义字符。因此,第 8 行 Serial. print()函数,原样输出双引号之间的字符串内容,不换行。第 9 行代码接着第 8 行的字符串内容输出变量 number 的值并换到新的一行,number 初始值为 0,之后每执行一次加 1。

(2)验证程序、上传设置、上传程序。

请参照项目 2 任务 1 任务实施中的验证程序、上传设置、上传程序执行。

在串口监视器上看到,The number is0,换行,The number is1……依次换行显示。在 is0 和 is1 之间既没有空格也没有换行,就是因为第 8 行使用的是 Serial. print()函数。具体如图 4-6 所示。

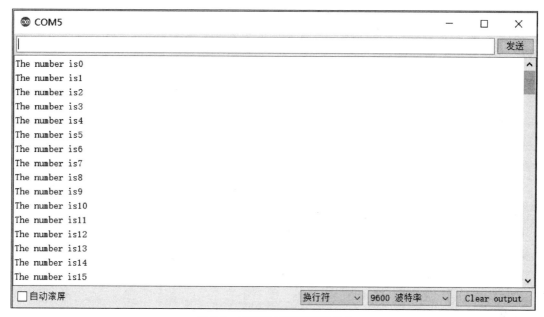

图 4-6　查看串口监视器信息 1

2. 利用库函数,从 Arduino 发送不同类型信息到计算机

(1)打开 Arduino IDE,输入以下程序代码:

```
1   void setup() {
2     Serial.begin(9600);
3   }
4
5   int x1= 20;
6   char c1= 'a';
7   float f1= 3.14;
8   String s1= "Arduino UART";
9
10  void loop() {
11    Serial.print(x1);
12    Serial.print("\t");
13    Serial.print(x1,DEC);
```

```
14    Serial.print("\t");
15    Serial.print(x1,HEX);
16    Serial.print("\t");
17    Serial.print(x1,BIN);
18    Serial.println("\t");
19
20    Serial.print(c1);
21    Serial.print("\t");
22
23    Serial.print(f1);
24    Serial.print("\t");
25
26    Serial.print(s1);
27    Serial.println("\t");
28    delay(1000);
29  }
```

Serial.begin(9600),设置波特率为 9 600,定义了 int 整型、char 字符型、float 浮点型、string 字符串型四种类型的变量并赋初值。

中间代码部分,第 11 行,将整型 x1 变量输出。

第 12 行,输出水平制表符,相当于按了一次【Tab】键。

第 13 行,将整型 x1 变量以十进制形式输出。

第 15 行,将 x1 变量以十六进制形式输出。

第 17 行,将 x1 变量以二进制形式输出。

第 18 行,使用了 prinln()换行。

第 20 行,将字符型变量 c1 的值输出。

第 23 行,将浮点型变量 f1 的值输出。

第 26 行,将字符串 s1 的内容输出。

将代码下载到 Arduino 开发板并运行之后,打开 Arduino IDE 串口监视器,顶格输出了 20,是第 11 行语句的结果。空了几个字符的距离,是第 12 行语句的结果。"14"的结果是由第 15 行语句决定的,20 的十六进制结果是 14;10100 的数据是第 17 行语句,以二进制输出的结果,20 的二进制是 10100。下一行顶格显示了字母 a,一是因为第 18 行语句导致了换行,所以从新的一行顶格输出,二是因为第 20 行语句输出字符变量 c1 的结果;"3.14"是第 23 行输出的结果。

第 26 行,在串口监视器上,得到了 s1 的内容。

第 27 行,又使用了 println()下一次显示会在下一行的顶格。

(2)验证程序、上传设置、上传程序。

请参照项目 2 任务 1 任务实施中的验证程序、上传设置、上传程序执行。具体如图 4-7 所示。

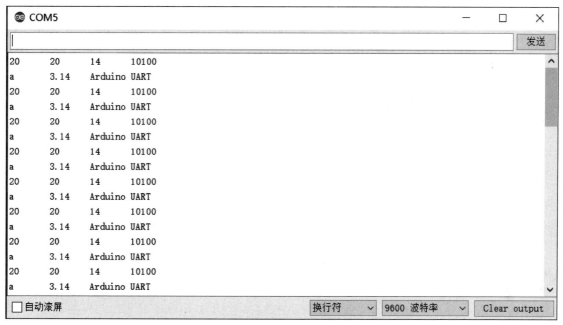

图 4-7 查看串口监视器信息 2

3. 利用库函数,从 Arduino 发送二进制数据

(1)打开 Arduino IDE,输入以下程序代码:

```
1  void setup() {
2    Serial.begin(9600);
3  }
4
5  int intValue;
6
7  void loop() {
8    Serial.print('H');
9    //发送一个随机数
10   intValue= random(599);
11   Serial.write(lowByte(intValue));
12   Serial.write(highByte(intValue));
13
14   //发送另一个随机数
15   Serial.print('D');
16   intValue= random(599);
17   Serial.write(lowByte(intValue));
18   Serial.write(highByte(intValue));
19   delay(1000);
20 }
```

第 10 行，使用了一个函数 random()，功能是产生一个随机数，范围是 0～599-1。

第 11 行，使用了 Serial.write() 函数。与 print() 函数的区别是，print() 输出的 ASCII 码，write() 输出的是数据本身。参数中，lowByte 是取变量的低字节数据，highByte 是取变量的高字节数据。

第 8 行、第 15 行分别输出两个字符 H 和 D，目的是将两个随机数分隔开，或者说作为数据帧的帧头。

(2) 验证程序、上传设置、上传程序。

请参照项目 2 任务 1 任务实施中的验证程序、上传设置、上传程序执行。具体如图 4-8 所示。

在串口监视器上，帧头 H 和 D 正常显示，而通过 write() 输出的数据显示看起来像乱码，这是正常现象。因为串口监视器会将接收到的数据自动转换为 ASCII 码，所以，输出的随机数在串口监视器上就会得到随机的 ASCII 码。

同时，要注意到下方的滚动条，说明数据一直在向右输出，没有换行。因为在程序代码中没有写输出换行的代码。

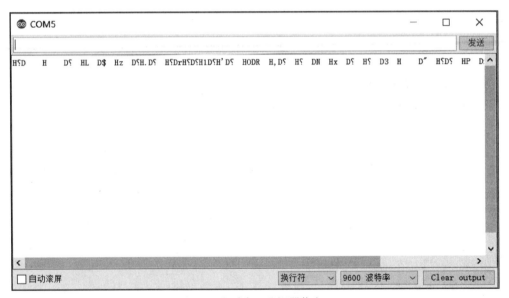

图 4-8　查看串口监视器信息 3

任务扩展

使用库函数，由串口向计算机发送一串文字，当接收到文字的同时点亮 LED。

项目检查与评价

项目实施过程可采用分组学习的方式。学生 2～3 人组成项目团队，团队协作完成项目，项目完成后撰写项目设计报告，按照测试评分表（见表 4-3），小组互换完成设计作品测试，教师抽查学生测试结果，考核操作过程、仪器仪表使用、职业素养等。

表 4-3 智能终端数据上传系统测试评分表

	项 目	主要内容	分数
设计报告	系统方案	比较与选择； 方案描述	5
	理论分析与设计	硬件串口连接分析	5
	电路与程序设计	功能电路选择； 控制程序设计	10
	测试方案与测试结果	合理设计测试方案及恰当的测试条件； 测试结果完整性； 测试结果分析	10
	设计报告结构及规范性	摘要； 设计报告正文的结构； 图表的规范性	5
	项目报告总分		35
功能实现	正确使用 Serial. println()、print()语句控制硬件串口输出显示		20
	正确使用 Serial. available()判断是否有接收数据		10
	能够使用 Serial. read()、Serial. write()等函数进行串口数据的读取和写入		20
完成过程	能够查阅工程文档、数据手册,以团队方式确定合理的设计方案和设计参数		5
	在教师的指导下,能团队合作解决遇到的问题		5
	实施过程中的操作规范、团队合作、职业素养、创新精神和工作效率等		5
	项目实施总分		65

项目总结

通过智能终端数据上传系统的设计与实现,理解串行通信原理,掌握 Serial. read()、Serial. write()等函数应用知识,具备应用串口函数库实现串口数据读取、写入和上位机显示能力,如图 4-9 所示。

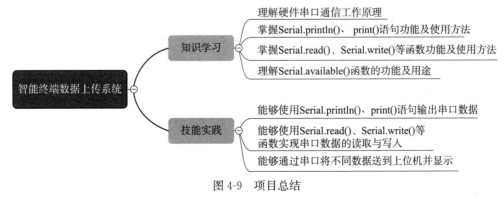

图 4-9 项目总结

项目 5
设计多功能环境监测器

项目导入

某公司因为市场需求,准备研发一款多功能环境监测器以满足市场需求。经过项目论证,准备使用 Arduino 和水分、光照、温湿度传感器来实现多功能需求。你作为公司技术开发人员,请按照项目需求分析完成多功能环境监测器软件程序开发。

学习目标

(1)掌握水分、光照、温湿度传感器工作原理。
(2)能够根据传感器硬件电路进行水分、光照、温湿度传感器分模块 Arduino 应用程序的开发。
(3)掌握 Arduino 应用程序开发中断函数的设置及中断服务程序的编写。
(4)能够使用程序流程图在线绘制工具绘制程序流程图。
(5)掌握 Arduino map()函数、millis()函数的使用方法。
(6)能够根据传感器硬件电路进行 Arduino 多种传感器综合应用程序的开发。
(7)具备严谨的程序开发、规范的代码测试工作态度,精益求精的产品功能、代码完善精神。

项目实施

任务 1　编写水分、光照数据采集程序

任务解析

学生通过完成本任务,应掌握水分、光照传感器电路设计以及 Arduino 软件程序开发。

知识链接

一、光照传感器介绍

1. 光电效应

光照传感器是将光通量转换为电量的一种传感器,它的基础是光电转换元件的光电效应。

光电效应是光电器件的理论基础。光可以认为是由具有一定能量的粒子所组成的,而每个光子所具有的能量与其频率大小成正比。光照射在物体表面上可以看作物体受到一连串能量为 E 的光子轰击,而光电效应就是由于该物质吸收到光子能量为 E 的光后产生的电效应。通常把光线照射到物体表面后产生的光电效应分为 3 类:

(1)外光电效应。在光线作用下能使电子逸出物体表面的称为外光电效应。例如,光电管、光电倍增管等就是基于外光电效应的光电器件。

(2)内光电效应。在光线作用下能使物体电阻率改变的称为内光电效应。例如,光敏电阻就是基于内光电效应的光电器件。

(3)半导体光生伏特效应。在光线作用下能使物体产生一定方向电动势的称为半导体光生伏特效应。例如,光电池、光电晶体管就是基于半导体光生伏特效应的光电器件。

基于外光电效应的光电器件属于真空光电器件,基于内光电效应和半导体光生伏特效应的光电器件属于半导体光电器件。

2. 光电晶体管

光电晶体管就是在光电二极管的基础上发展起来的,是基于半导体光生伏特效应的光电器件。光电晶体管的图形符号如图 5-1 所示。与普通晶体管相似,光电晶体管也具有两个 PN 结,不同的是其基极受光信号的控制。由于光电晶体管的基极即为光窗口,因此大多数光电晶体管只有发射极(e)和集电极(c)两个引脚,基极无引出线。光电晶体管的外形与光电二极管几乎一样。贴片形状的光电晶体管如图 5-2 所示。

（a）NPN型　（b）PNP型
图 5-1　光电晶体管的图形符号

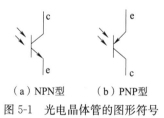

图 5-2　贴片形状的光电晶体管

光电晶体管分为 NPN 型和 PNP 型两种。在有光照时,NPN 型光电晶体管电流从集电极(c)流向发射极(e),PNP 型光电晶体管电流从发射极(e)流向集电极(c)。

光电晶体管的特点是不仅能实现光电转换,而且同时还具有放大功能。光电晶体管可以等效为光电二极管和普通晶体管的组合元件。光电晶体管基极与集电极间的 PN 结相当于一个光电二极管,在光照下产生的光电流又从基极进入晶体管放大,因此光电晶体管输出的光电流可达光电二极管的 β(β 为放大倍数)倍。

二、光照传感器电路设计

使用 NPN 型光电晶体管组成的光照传感器电路如图 5-3 所示。光电晶体管的集电极(c)连接 VCC，发射极(e)作为光电输出端连接 10 kΩ 电阻到地，105 电容和 100 Ω 电阻起到滤波和保护作用。

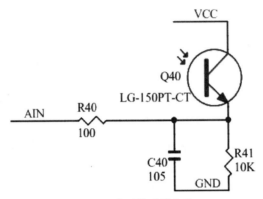

图 5-3　光照传感器电路

光照传感器电路的工作原理是在无光照射时，光电晶体管处于截止状态，无电信号输出。当光信号照射光电晶体管的基极时，光电晶体管导通，实现光电流的放大，从发射极输出放大后的电信号。因此，当无光照时，AIN 引脚的电压输入值为 0，10 kΩ 电阻可以认为是下拉电阻；当有光照时，由于晶体管的电流放大作用，发射极产生输出电流，电流流经 10 kΩ 电阻到地，AIN 引脚获得电压值等于 10 kΩ 电阻两端电压（AIN 引脚连接 Arduino 引脚，引脚输入电阻较大，近似认为无电流流过）。

三、水分传感器电路设计

水分传感器电路原理图如图 5-4 所示。水分传感器电路由两个端子分别连接两条可以导电的线路组成。

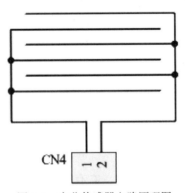

图 5-4　水分传感器电路原理图

由于水是电导体，水分传感器电路的工作原理是当有水覆盖在两个端子连接的两条导电线路表面时，两个端子之间为短路；当没有水覆盖在两条导电线路表面时，两个端子之间为断路。将两个端子的一端连接地，另一端连接 Arduino 引脚并设置引脚上拉电阻，就构成了开关量形式的水分传感器检测电路,即有水覆盖导电线路表面时,Arduino 引脚输入 0;没有水覆盖导电线路表面时,Arduino 引脚输入 1。

任务实施

任务实施前需准备好表 5-1 所列设备和资源。

表 5-1 设备清单表

序号	设备/资源名称	数量
1	Arduino IDE	1
2	Arduino 开发板	1
3	SPI 接口 OLED 显示屏	1
4	水分传感器电路板	1
5	光照传感器电路板	1

要完成本任务,可以将实施步骤分成以下几步:

(1) Arduino 连接水分传感器检测环境水分。

(2) Arduino 连接光照传感器检测环境光照度。

(3) Arduino 连接水分传感器、光照传感器检测环境水分、光照度,当光照度低于设定值时,开启 1 W LED,并在 OLED 显示屏上显示传感器检测数据。

具体实施步骤如下:

1. Arduino 连接水分传感器检测环境水分

打开 Arduino IDE,输入以下程序代码:

微课

水分子及光照度检测

```
1  //-----------------------------------
2  # include <OLED.h>
3
4  OLED myOLED;
5  //-----------------------------------
6  const int waterInPin= A3;
7  int waterState= 0;
8  //-----------------------------------
9  void setup()
10 {
11     Serial.begin(9600);
12     myOLED.begin(FONT_8x16);//FONT_6x8
13     pinMode(waterInPin,INPUT_PULLUP);
14 }
15
16 void loop()
17 {
```

```
18      waterState=! digitalRead(waterInPin);
19      myOLED.print("WATER= ");
20      myOLED.println(waterState);
21      Serial.print("WATER= ");
22      Serial.println(waterState);
23      delay(500);
24    }
```

第 6 行,定义水分传感器数据输入引脚 waterInPin 为 A3。A3 同时也是数字引脚 D17,也可以修改 A3 为 17。

第 7 行,定义 waterState 为整型变量,初值为 0。

第 11 行,Serial 属于硬串口的操作类 HardwareSerial,定义于 HardwareSerial.h 源文件中,在 Arduino 程序中允许直接调用 Serial 对象。调用 begin() 函数进行初始化,波特率为 9 600。

第 13 行,使用 pinMode() 函数初始化 waterInPin 引脚,引脚模式为 INPUT_PULLUP,即开启内部输入上拉,代替外部上拉电阻。INPUT_PULLUP 为 Arduino 语言预定义常量。如果引脚被设置为 INPUT_PULLUP 模式,当外部无输入信号时,引脚拉高,获得数据"1"。

第 18 行,waterState 变量被赋值,赋值的是 digitalRead() 函数读取连接水分传感器引脚(A3)的取反值。取反的目的是将数据"0"对应无水覆盖导电线路表面,数据"1"对应有水覆盖导电线路表面。

第 19 行,输出字符串内容 WATER=。

第 20 行,在"WATER="内容后面输出 waterState 变量值,即输出"1"或"0",并使 OLED 显示光标指向下一行行首。

第 21 行,输出 WATER=到串口监视器。

第 22 行,输出 waterState 变量值,并使 OLED 显示光标指向下一行行首。

将程序代码编译、上传到 Arduino,将 A3 端口连接水分传感器电路。在水分传感器电路上滴入或擦除水滴,通过 OLED 或串口监视器查看程序的输出内容。水分传感器检测结果如图 5-5 所示。

图 5-5　水分传感器检测结果

2. Arduino 连接光照传感器检测环境光照度

打开 Arduino IDE,输入以下程序代码:

```
1  //--------------------------------
2  # include <OLED.h>
3  OLED myOLED;
4  //--------------------------------
5  const int analogInPin= A0;
6  int sensorValue= 0;
7  //--------------------------------
8  void setup()
9  {
10    Serial.begin(9600);
11    myOLED.begin(FONT_8x16);//FONT_6x8
12  }
13
14  void loop()
15  {
16    sensorValue= analogRead(analogInPin);
17    myOLED.print("Sensor=");
18    myOLED.println(sensorValue);
19    Serial.print("Sensor=");
20    Serial.println(sensorValue);
21    delay(300);
22  }
```

第 5 行,定义光照传感器输入引脚为 A0,名称为 analogInPin。

第 6 行,定义整型变量 sensorValue,初值为 0。

第 8~12 行,初始化硬件串口,波特率为 9 600。初始化 OLED 显示屏,字体大小为 8×16。

第 16 行,sensorValue 被赋值,赋值的是模拟方式读取 A0 引脚的值,即使用内部 10 位模/数转换器,将外部 0~5 V 输入电压转换为 0~1 023 之间的整数值,分辨率为 5 V/1 024=4.9 mV。

第 17 行,输出字符串内容 Sensor=。

第 18 行,输出 sensorValue 整型变量值,即采集光照度数据转换为 0~1 023 之间的数据值,并使 OLED 显示光标指向下一行行首,方便下一次输出。

第 19 行,在硬件串口输出字符串内容 Sensor=。

第 20 行,输出 sensorValue 整型变量值,并使串口显示光标指向下一行行首,方便下一次输出。

第 21 行,延时 300 ms,方便查看 OLED 显示屏或串口监视器数据。

将程序代码编译、上传到 Arduino,将 A0 端口连接光照传感器电路。使用手电筒等工具在光照传感器电路上施加不同光照度,通过 OLED 或串口监视器查看程序的输出内容。光照传感器检测结果如图 5-6 所示。

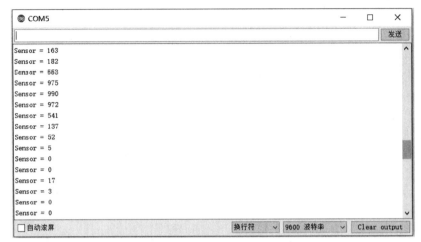

图 5-6 光照传感器检测结果

3. Arduino 连接水分传感器、光照传感器检测环境水分、光照度,当光照度低于设定值时,开启 1 W LED,并在 OLED 显示屏上显示传感器检测数据

打开 Arduino IDE,输入以下程序代码:

```
1   //--------------------------------
2   # include <OLED.h>
3   OLED myOLED;
4   //--------------------------------
5   const int analogInPin= A0;
6   int sensorValue= 0;
7   //--------------------------------
8   const int waterInPin= A3;
9   int waterState= 0;
10  //--------------------------------
11  const int analogOutPin= 5;
12  int outputValue= 0;
13  //--------------------------------
14  void setup()
15  {
16    Serial.begin(9600);
17    myOLED.begin(FONT_8x16);//FONT_6x8
18    pinMode(waterInPin,INPUT_PULLUP);
19  }
20
21  void loop()
22  {
23    sensorValue= analogRead(analogInPin);
24    waterState=!digitalRead(waterInPin);
```

```
25      // 将 0~1 023 数据值转换为 0~255 数据值
26      outputValue= map(sensorValue,0,1023,0,255);
27      myOLED.print("Sensor=");
28      myOLED.println(sensorValue);
29      myOLED.print("WATER= ");
30      myOLED.println(waterState);
31
32      Serial.print("Sensor= ");
33      Serial.println(sensorValue);
34      Serial.print("WATER= ");
35      Serial.println(waterState);
36      if(outputValue<100){
37        analogWrite(analogOutPin,255- outputValue);
38        myOLED.println("1 W LED on");
39        Serial.println("1 W LED on");
40      }
41      else{
42        analogWrite(analogOutPin,0);
43        myOLED.println("1 W LED close");
44        Serial.println("1 W LED close");
45      }
46      myOLED.println();
47      Serial.println();
48      delay(2000);
49    }
```

第 5~6 行,定义光照传感器检测电路使用引脚 A0 及变量 sensorValue。

第 8~9 行,定义水分传感器检测电路使用引脚 A3 及变量 waterState。

第 11~12 行,定义 1 W LED 灯光电路使用引脚 D5 及变量 outputValue。

第 14~19 行,初始化硬件串口、OLED 显示屏、水分传感器引脚内部上拉。

第 23~24 行,获取光照、水分传感器数据值。(参照前述程序代码解释的内容。)

第 26 行,outputValue 变量被赋值,赋值的是 map() 函数转换结果。map() 函数功能是将某一数值从一个区间等比映射到一个新的区间,即将 0~1 023 数据等比映射为 0~255。使用 map() 函数的原因是后续 1 W LED 灯光电路将使用 analogWrite() 函数控制灯光明暗变化,而 analogWrite() 函数的数据输出范围为 0~255。

第 27~30 行,在 OLED 显示屏显示水分、光照传感器检测值。

第 32~35 行,在硬件串口输出水分、光照传感器检测值。

第 36~45 行,使用 if-else 语句,判断 outputValue 值是否小于 100,如果小于 100,执行第 37~39 行代码;否则,执行第 42~44 行代码。outputValue 值为经过 map() 函数转换值,数据范围为 0~255。

第 37 行,使用 analogWrite() 函数,在 analogOutPin(D5)引脚输出 255-outputValue 值,即光

照度数据值小于 100 时，光照度越小，输出 1 W LED 亮度控制值(255-outputValue)越高。

第 38～39 行，如果执行，分别在 OLED 显示屏和硬件串口输出 1 W LED on 内容。

第 42 行，outputValue 值不小于 100 时执行，即 100～255 之间。使用 analogWrite() 函数，在 analogOutPin(D5) 引脚输出 0 值，即关闭 1 W LED。

第 43～44 行，如果执行，分别在 OLED 显示屏和硬件串口输出 1 W LED close 内容。

第 46～47 行，分别在 OLED 显示屏和硬件串口输出空字符并换行。

将程序代码编译、上传到 Arduino，将 A0 端口连接光照传感器电路，A3 端口连接水分传感器电路，D5 端口连接 1 W LED 灯光电路。使用手电筒等工具在光照传感器电路上施加不同光照度，通过 OLED 或串口监视器查看程序的输出内容。水分、光照传感器及 LED 状态如图 5-7 所示。

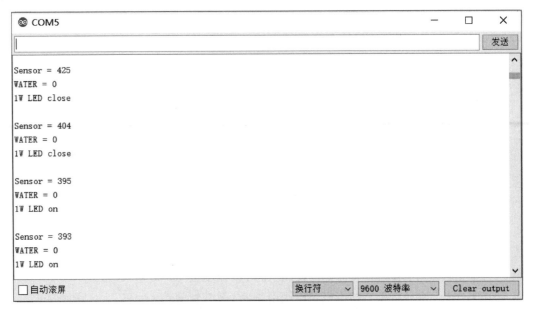

图 5-7　水分、光照传感器及 LED 状态

任务扩展

在该电路添加 1 W LED 灯光电路，当有水覆盖导电线路表面时，开启灯光照明；无水覆盖导电线路表面时，关闭灯光照明。

任务 2　编写温湿度数据采集程序

任务解析

学生通过完成本任务，应熟练掌握 DHT12 温湿度传感器、DS18B20 温度传感器硬件电路设计，完成 DHT12 温湿度传感器、DS18B20 温度传感器程序开发。

一、DHT12 温湿度传感器介绍及电路设计

1. DHT12 温湿度传感器介绍

DHT12 温湿度传感器是一款含有已校准数字信号输出的温湿度复合型传感器。DHT12 具有单总线和标准 I²C 两种通信方式,标准单总线接口,使系统集成变得简易快捷。I²C 通信方式采用标准的通信时序,可直接挂在 I²C 通信总线上,无须额外布线,使用简单。

DHT12 产品特性:
(1)超小体积。
(2)超低功耗。
(3)超低工作电压。
(4)较低成本。
(5)较好的长期稳定性。
(6)标准 I²C 及单总线输出。

DHT12 产品宽 12.3 mm,非引脚高度 7.5 mm。DHT12 产品外形如图 5-8 所示。

DHT12 相对湿度性能见表 5-2。湿度测量范围为 20~95%RH,RH 为相对湿度单位,分辨率典型值为 0.1%RH。

图 5-8 DHT12 产品外形

表 5-2 DHT12 相对湿度性能

参 数	条 件	最小值	典型值	最大值	单 位
分辨率			0.1		%RH
量程范围		20		95	%RH
精度	60%RH		±5		%RH
重复性			±0.3		%RH

DHT12 温度性能见表 5-3。温度测量范围为 −20~+60 ℃,分辨率典型值为 0.1 ℃,精度为 ±0.5 ℃。

表 5-3 DHT12 温度性能

参 数	条 件	最小值	典型值	最大值	单 位
分辨率			0.1		℃
			16		bit
精度	25 ℃		±0.5		℃
量程范围		−20		+60	℃

DHT12 引脚分配如图 5-9 所示。DHT12 引脚功能见表 5-4。供电电压范围为 2.7~5.5 V，典型值为 5 V。

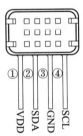

图 5-9　DHT12 引脚分配

表 5-4　DHT12 引脚功能

引脚	名称	描　述
1	VDD	电源(2.7~5.5 V)
2	SDA	串行数据，双向口
3	GND	地
4	SCL	串行时钟输入，输入口（单总线时接地）

串行时钟输入（SCL），SCL 引脚用于传感器通信方式的选择及 I^2C 通信时钟线。SCL 在上电后一直保持低电平，表示选择单总线方式通信，否则为 I^2C 通信。当选择 I^2C 通信时，SCL 用于微处理器与 DHT12 之间的通信同步。

串行数据（SDA），SDA 引脚为三态结构，用于读/写传感器数据，即采用单总线结构时，使用该引脚采集传感器数据。

2. DHT12 温湿度传感器电路设计

使用 DHT12 温湿度传感器采集环境温湿度数据可以采用如图 5-10 所示单总线电路。SCL 引脚接地，选择单总线通信方式；SDA 作为数据采集引脚与 Arduino 连接，105、104 电容作为滤波及保护电容。

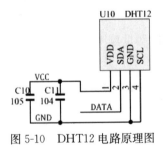

图 5-10　DHT12 电路原理图

二、DS18B20 温度传感器介绍及电路设计

1. DS18B20 温度传感器介绍

DS18B20 是常用的温度传感器，具有体积小、硬件开销低、抗干扰能力强、精度高的特点，可用

于温度监测系统、工业物联网、白色家电等应用场景。

DS18B20 主要有以下特点：

(1) 一线总线数据通信。

(2) 最高 12 位分辨率，精度可达±0.5 ℃。

(3) 温度检测范围：−55～+125 ℃。

(4) 64 位光刻 ROM，内置产品序列号，方便多机挂接。

(5) 供电方式灵活，可通过内部寄生电路从数据线上获取电源。

(6) 内置 EEPROM，实现掉电保护功能。系统掉电后，可保存分辨率及报警温度设定值。

DS18B20 引脚及封装结构如图 5-11 所示。封装后具备防水功能，封装形式有贴片型、圆杆型、螺纹型等，可应用于多种工业场景。

DS18B20 需严格按照工作时序要求执行，微控制器控制 DS18B20 完成温度转换至少需要复位、读 ROM、写操作命令 3 个步骤，指令代码包括 0x44、0xCC、0x33 等，详细操作步骤及命令请参考 DS18B20 数据手册。

2. DS18B20 温度传感器电路设计

使用 DS18B20 温度传感器采集环境温度数据可以采用如图 5-12 所示一线总线电路。DQ 作为数据采集引脚与 Arduino 连接，105 电容作为滤波及保护电容。

图 5-11　DS18B20 引脚及封装结构

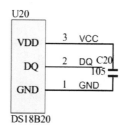
图 5-12　DS18B20 电路原理图

任务实施

任务实施前需准备好表 5-5 所列设备和资源。

表 5-5　设备清单表

序号	设备/资源名称	数量
1	Arduino IDE	1
2	Arduino 开发板	1
3	SPI 接口 OLED 显示屏	1
4	DHT12 电路模块	1
5	DS18B20 电路模块	1

要完成本任务，可以将实施步骤分成以下几步：

(1) 使用 DHT12 温湿度电路采集环境温湿度并显示在 OLED 显示屏。

(2)使用 DS18B20 温度电路采集环境温度并显示在 OLED 显示屏。
具体实施步骤如下：

1. 使用 DHT12 温湿度电路采集环境温湿度并显示在 OLED 显示屏

打开 Arduino IDE，输入以下程序代码：

使用DHT12
测量温湿度

```
1  //----------------------------------
2  # include <DHT12.h>
3  # include <OLED.h>
4  OLED myOLED;
5  //----------------------------------
6  # define DATA_PIN A3
7  DHT12 dht;
8  //----------------------------------
9  void setup()
10 {
11   myOLED.begin(FONT_8x16);//FONT_6x8
12   Serial.begin(9600);
13   dht.begin(DATA_PIN);
14   delay(1000);// 等待 DHT12 准备好
15 }
16 //----------------------------------
17 void loop()
18 {
19   float h=dht.readHumidity();
20   float t=dht.readTemperature();
21   Serial.println("DHT12");
22   Serial.print("Humidity:");
23   Serial.print(h);
24   Serial.print("%,");
25   Serial.print("Temperature:");
26   Serial.print(t);
27   Serial.println("*C");
28
29   myOLED.println("DHT12");
30   myOLED.print("Humidity:");
31   myOLED.println(h);
32   myOLED.print("Temp:");
33   myOLED.println(t);
34   myOLED.println();
35
36   delay(1000);
37 }
```

项目 5　设计多功能环境监测器　107

第 2 行,调用了 DHT12 库,需在 Arduino IDE 安装文件夹\libraries 文件夹包含 DHT12 库。通过 DHT12.cpp 及 DHT12.h 查看 DHT12 应用函数原型,如 readTemperature()、readHumidity()函数,对照数据手册可分析函数语句含义。

第 6 行,定义数据引脚为 A3,将用于单总线连接,采集温湿度数据。

第 7 行,声明使用 DHT12 类的对象,名称为 dht。

第 13 行,使用 begin()函数初始化 DHT12 并确定使用 A3 引脚。

第 14 行,按照数据手册要求,DHT12 启动后需等待一段时间,以越过传感器的不稳定状态。

第 19 行,定义浮点型变量 h,并赋值 DHT12 使用 readHumidity()函数读取的湿度数据。readHumidity()函数内部语句及含义可对照数据手册查看 DHT12.cpp 文件。

第 20 行,定义浮点型变量 t,并赋值 DHT12 使用 readTemperature()函数读取的温度数据。同样,readTemperature()函数内部语句及含义可对照数据手册查看 DHT12.cpp 文件。

第 21~27 行,在硬件串口输出温湿度传感器采集数据,可通过串口监视器查看。

第 29~34 行,在 OLED 显示屏上显示温湿度传感器采集数据。

将程序代码编译、上传到 Arduino,将 A3 端口连接 DHT12 电路。通过 OLED 或串口监视器查看程序的输出内容。DHT12 温湿度测量结果如图 5-13 所示。

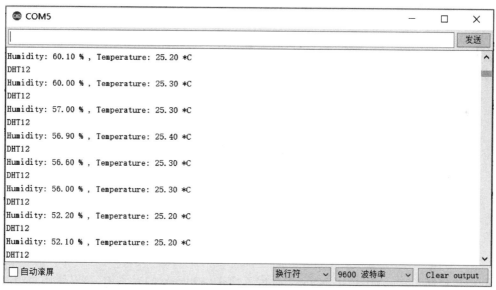

图 5-13　DHT12 温湿度测量结果

2. 使用 DS18B20 温度电路采集环境温度并显示在 OLED 显示屏

打开 Arduino IDE,输入以下程序代码:

```
1  //------------------------------------------------
2  # include <OneWire.h>
3  # include <DS18B20.h>
4  # include <OLED.h>
5  OLED myOLED;
```

```
6  //----------------------------------------------
7  # define DATA_PIN   A3
8  DS18B20 ds;
9  //----------------------------------------------
10 void setup()
11 {
12   Serial.begin(9600);
13   Serial.println("DS18B20");
14   ds.begin(DATA_PIN);
15   myOLED.begin(FONT_8x16);//FONT_6x8,FONT_8x16
16   myOLED.println("DS18B20");
17 }
18 //----------------------------------------------
19 void loop()
20 {
21   float t=ds.readTemperature();
22   if (t>125){
23     Serial.println("Failed to read from DS18B20");
24     myOLED.println("Failed DS18B20");
25   }
26   else{
27     Serial.print("Temperature:");
28     Serial.print(t);
29     Serial.println("C");
30
31     myOLED.print("Temp. :");
32     myOLED.print(t);
33     myOLED.println("C");
34   }
35 }
```

第2行,调用了 OneWire 库。OneWire 库不属于 Arduino 的基本库,可以使用 Arduino IDE 的"库管理器"下载。选择"项目"→"加载库"命令,打开"库管理器",输入关键词 onewire,选择库文件版本,单击"安装"按钮。安装成功之后,选择"项目"→"加载库"命令,选择 OneWire,完成加载。安装成功的库文件在"我的电脑"→"文档"→Arduino→libraries 文件夹中,在 OneWire 文件夹中可以找到所有库文件(包含示例文件)。

第3行,调用 DS18B20 库,可以使用上述库文件安装方法安装。

第7行,定义 DS18B20 将使用 A3 引脚连接。

第8行,声明使用 DS18B20 类的对象,名称为 ds。

第14行,调用 begin()函数初始化,可以通过 DS18B20.cpp 文件查看初始化语句及功能。

项目 5　设计多功能环境监测器 109

第 21 行,定义浮点型变量 t,t 被赋值的是 readTemperature()函数读取 DS18B20 采集的温度数据。

第 22~25 行,检测采集温度数据是否错误。因 DS18B20 测量温度最大值为 125 ℃,如果采集温度数据大于 125 ℃,则说明采集数据有误。

第 23 行,当采集温度数据错误时,在硬件串口输出字符串内容。

第 24 行,当采集温度数据错误时,在 OLED 显示屏上显示字符串内容。OLED 显示屏字体大小设置为 8×16,一行可以显示 16 个字符。

第 27~29 行,在硬件串口输出字符串内容及采集温度数据。

第 31~33 行,在 OLED 显示屏上显示字符串内容及采集温度数据。

将程序代码编译、上传到 Arduino,将 A3 端口连接 DS18B20 电路。通过 OLED 或串口监视器查看程序的输出内容。DS18B20 温度测量结果如图 5-14 所示。

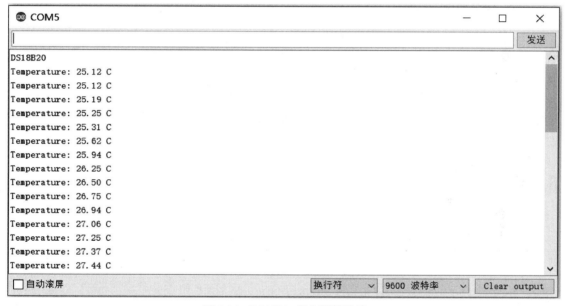

图 5-14　DS18B20 温度测量结果

任务扩展

查看 DHT12、DS18B20 库中 DHT12.cpp 及 DS18B20.cpp 文件,对照数据手册,分析 readHumidity()、readTemperature()函数语句含义。

任务 3　实现多功能环境监测器功能

任务解析

学生通过完成本任务,应掌握多种传感器组合及输出控制程序开发过程,完成多功能环境监测器功能程序代码编写。

知识链接

程序流程图绘制

1. 程序流程图的概念

以特定的图形符号表示算法或程序执行过程的图称为程序流程图。对于复杂功能程序开发，通常需要绘制程序流程图表达算法或执行过程。

2. 流程图符号

为便于识别，绘制程序流程图通常使用以下符号：圆角矩形表示开始或结束符号，矩形表示执行过程，菱形表示问题判定以及分支，平行四边形表示输入/输出，箭头表示执行方向。

3. 常用绘制程序流程图软件

(1) Microsoft Office Visio(简称 Visio)：Office 软件系列中负责绘制流程图和示意图的软件。Visio 功能强大、专业性强，广泛应用于电子、机械、通信、企业管理等科研、设计、生产等领域。使用 Visio 软件需购买正版授权及安装客户端。

(2) Process On：支持流程图、思维导图等图形绘制的在线工具。使用网络浏览器方式打开，支持在线保存，支持基于文件的多人在线修改、绘制图形，无须购买授权、安装客户端。使用网络账号登录，可以在不同计算机端使用。

任务实施前需准备好表 5-6 所列设备和资源。

表 5-6 设备清单表

序号	设备/资源名称	数量
1	Arduino IDE	1
2	Arduino 开发板	1
3	SPI 接口 OLED 显示屏	1
4	DHT12 电路模块	1
5	水分传感器电路模块	1
6	光照传感器电路模块	1
7	1 W LED 灯光模块	1
8	按键模块	1

要完成本任务，可以将实施步骤分成以下几步：

(1) 绘制多功能环境监测器程序流程图。

(2)多功能环境监测器程序开发。

具体实施步骤如下：

1. 绘制多功能环境监测器程序流程图

使用 Process On 在线工具完成程序流程图绘制。在计算机浏览器中输入 www.processon.com 登录在线工具，新建流程图，进行程序流程图绘制。绘制完成的多功能环境监测器主流程图如图 5-15 所示。

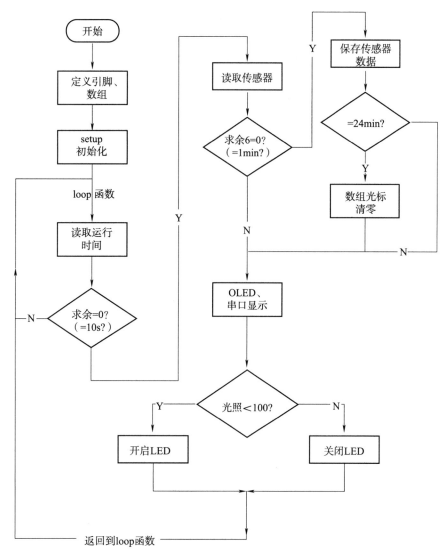

图 5-15 多功能环境监测器主流程图

中断流程图如图 5-16 所示。

2. 多功能环境监测器程序开发

多功能环境监测器功能描述如下：

（1）使用温湿度传感器 DHT12、光照传感器、水分传感器采集环境温湿度。

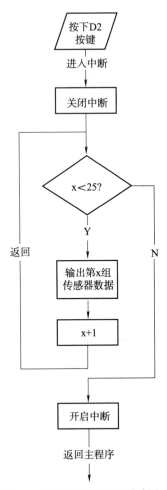

图 5-16 多功能环境监测器中断流程图

(2) 根据光照度情况开启 1 W LED 灯光。
(3) 保存 24 min 的历史传感器数据。
(4) 在 OLED、硬件串口显示传感器数据,每隔 1 min 刷新显示。
(5) 按下 D2 按键,在 OLED、硬件串口显示历史传感器数据。

打开 Arduino IDE,输入以下程序代码:

```
1  //----------------------------------
2  # include <DHT12.h>
3  # include <OLED.h>
4  OLED myOLED;
5  //----------------------------------
6  # define DATA_PIN A3
7  DHT12 dht;
8  //----------------------------------
9  const int analogInPin= A0;
```

```
10   int sensorValue= 0;
11   //---------------------------------
12   const int waterInPin= 3;
13   int waterState= 0;
14   //---------------------------------
15   const int analogOutPin= 5;
16   int outputValue= 0;
17   //---------------------------------
18   unsigned long time= 0;
19   unsigned int i= 0,minute= 0;
20   int save_Light[25];
21   float save_Humi[25];
22   float save_Temp[25];
23   int save_water[25];
24   //---------------------------------
25   # defineinterruptPin 2
26   //---------------------------------
27   void setup()
28   {
29     Serial.begin(9600);
30     myOLED.begin(FONT_8x16);//FONT_6x8
31     pinMode(waterInPin,INPUT_PULLUP);
32     //将中断触发引脚(2引脚)
33     //设置为 INPUT_PULLUP(输入上拉)模式
34     pinMode(interruptPin,INPUT_PULLUP);
35     //设置中断触发程序
36     attachInterrupt(digitalPinToInterrupt(interruptPin),display_sensor,FALLING);
37     dht.begin(DATA_PIN);
38     delay(1000);// 等待DHT12准备好
39   }
40
41   void loop()
42   {
43     time= millis();
44     if(time%10000= =0){
45       sensorValue= analogRead(analogInPin);
46       waterState=!digitalRead(waterInPin);
47       // 将0~1 023数据值转换为 0~255数据值
48       outputValue= map(sensorValue,0,1023,0,255);
49       float h= dht.readHumidity();
50       float t= dht.readTemperature();
51       Serial.print("Time:");
```

```
52      Serial.println(time);
53      i++;
54      if(i%6==0){
55        i=0;
56        minute++;
57        Serial.print(minute);
58        Serial.println("minute. ");
59        save_Light[minute]=outputValue;
60        save_Humi[minute]=h;
61        save_Temp[minute]=t;
62        save_water[minute]=waterState;
63        if(minute==24)
64          minute=0;
65      }
66      delay(10);
67      myOLED.setPosi(0,0);
68      myOLED.print("Light:");
69      myOLED.println(outputValue);
70      myOLED.print("WATER:");
71      myOLED.println(waterState);
72      myOLED.print("Humi:");
73      myOLED.println(h);
74      myOLED.print("Temp:");
75      myOLED.println(t);
76
77      Serial.print("Light= ");
78      Serial.println(outputValue);
79      Serial.print("WATER= ");
80      Serial.println(waterState);
81      Serial.print("Humidity:");
82      Serial.print(h);
83      Serial.print("%,");
84      Serial.print("Temperature:");
85      Serial.print(t);
86      Serial.println("*C");
87      if(outputValue<100){
88        analogWrite(analogOutPin,255-outputValue);
89        myOLED.setPosi(0,98);
90        myOLED.println("LED");
91        myOLED.setPosi(2,98);
92        myOLED.println("on");
93        Serial.println("1 W LED on");
```

```
94        }
95        else{
96          analogWrite(analogOutPin,0);
97          myOLED.setPosi(0,98);
98          myOLED.println("LED");
99          myOLED.setPosi(2,82);
100         myOLED.println("close");
101         Serial.println("1 W LED close");
102       }
103       Serial.println();
104     }
105 }
106
107 void display_sensor(){
108     noInterrupts();
109     for(int x=1;x <25;x++){
110       Serial.print(x);
111       Serial.println("minute.");
112       Serial.print("Save_Light=");
113       Serial.println(save_Light[x]);
114       Serial.print("Save_WATER=");
115       Serial.println(save_water[x]);
116       Serial.print("Save_Humidity:");
117       Serial.print(save_Humi[x]);
118       Serial.print("%,");
119       Serial.print("Save_Temperature:");
120       Serial.print(save_Temp[x]);
121       Serial.println("*C");
122       Serial.println();
123     }
124     interrupts();
125 }
```

第 2~16 行,参考前文的程序说明内容。

第 18 行,定义无符号长整型变量,将在后续代码使用。

第 20~23 行,定义 4 组数组,用于保存历史传感器数据。每组包含 0~24,共 25 个数组元素,后续使用序号为第 1~24 数组元素。

第 25 行,设置中断触发引脚为 D2,在 Arduino 中,D2 为 0 号中断输入引脚。

第 34 行,设置中断触发引脚为输入上拉模式。

第 36 行,使用 attachInterrupt()中断设置函数,设置外部中断服务函数为 display_sensor,中断触发方式为 FALLING,即当 D2 引脚电平由高电平变为低电平时触发中断服务程序 display_sensor。

第 43 行,调用 millis 函数赋值给变量 time。millis()函数用来获取 Arduino 运行程序的时间长度,该时间长度单位是 ms,返回值类型为无符号长整型数。Arduino 最长可记录约 50 天,如果超出记录时间上限,记录将从 0 重新开始。

第 41 行,loop()函数包含两条语句,第 43、44 行。if 语句判断 Arduino 运行程序的时间求余 10 000 是否等于 0,求余 10 000 等于 0 时,是否为 10 000 的整数倍,即是否等于 10 s。

第 45~52 行,参考前文的程序说明内容。

第 53~54 行,每隔 10 s,变量 i 加 1,当 i 求余 6 等于 0 时,即 1 min。

第 56~58 行,分钟变量 minute 加 1,在硬件串口输出当前 Arduino 运行了几分钟的时间。

第 59~62 行,每隔 1 min,将传感器数据保存在第 x 分钟的数组元素中,x 为 1~24。

第 63~64 行,分钟变量 minute 等于 24 时,清零。

第 67 行,设置 OLED 显示位置为 0.0 坐标。

第 68~75 行,每隔 10 s,在 OLED 上刷新显示温湿度、水分、光照传感器数据。

第 77~86 行,每隔 10 s,在硬件串口输出温湿度、水分、光照传感器数据,可以通过串口监视器查看。

第 87 行,每隔 10 s,判断光照值是否小于 100,如果小于执行第 88~93 行;否则,执行第 96~101 行。

第 88 行,根据光照度开启 1 W LED 灯光,光照度越小,LED 灯光越强;光照度越大(100 以下),LED 灯光越弱。

第 89~92 行,在 OLED 的第 0 行、98 列显示 LED,第 2 行、第 98 列显示 on。

第 96 行,光照度大于或等于 100 时,关闭 1 W LED 灯光。

第 107 行,外部中断服务程序,当 D2 引脚电平由高电平变为低电平时触发。

第 108 行,关闭中断服务,避免重复进入中断。

第 109 行,使用 for 循环语句,执行 1~24,共 24 次。

第 110~111 行,输出第 x 分钟,x 为 1~24。用于表达当前显示内容为第 x 分钟历史传感器数据。

第 112~122 行,在硬件串口输出历史传感器数据。

第 124 行,再次开启外部中断,允许接收外部中断触发。

每隔 10 s,在串口监视器查看传感器数据,如图 5-17 所示。

图 5-17 每隔 10 s 多功能环境监测器检测结果

每隔 1 min,在串口监视器查看传感器数据,如图 5-18 所示。其中,第 6 行为当前 Arduino 运行时间。

图 5-18　每隔 1 min 多功能环境监测器检测结果

当按下 D2 按键进入中断服务程序时,串口监视器可查看历史保存的传感器数据,如图 5-19 所示。

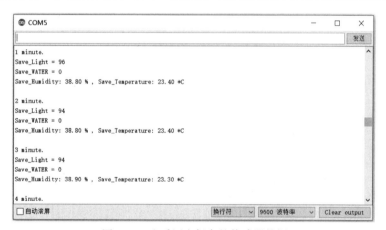

图 5-19　查看历史保存的传感器数据

每隔 10 s,OLED 显示传感器数据及 1 W LED 状态,如图 5-20 所示。

图 5-20　多功能环境监测器 OLED 显示结果

任务扩展

（1）当前设计的多功能环境监测器为每隔 1 min 保存 1 次历史数据，共保存 24 次，循环使用数组空间。修改当前设计为每隔 1 h 保存 1 次，共保存 1 天历史数据。

（2）当多功能环境监测器系统掉电时，保存的历史传感器数据会丢失。如何设计当多功能环境监测器系统掉电再上电时，能够调出历史传感器数据？需要添加哪些硬件？

项目检查与评价

项目实施过程可采用分组学习的方式。学生 2~3 人组成项目团队，团队协作完成项目，项目完成后撰写项目设计报告，按照测试评分表（见表 5-7），小组互换完成设计作品测试，教师抽查学生测试结果，考核操作过程、仪器仪表使用、职业素养等。

表 5-7　多功能环境监测器测试评分表

项 目		主要内容	分数
设计报告	系统方案	比较与选择； 方案描述	5
	理论分析与设计	水分、光照度、温湿度传感器电路分析与设计	5
	电路与程序设计	功能电路选择； 控制程序设计	10
	测试方案与测试结果	合理设计测试方案及恰当的测试条件； 测试结果完整性； 测试结果分析	10
	设计报告结构及规范性	摘要； 设计报告正文的结构； 图表的规范性	5
	项目报告总分		35
功能实现	正确识别水分、光照、温湿度传感器并显示相应数据		15
	正确使用 DS18B20.h、OneWire.h 库函数		5
	正确使用 map()函数进行数据转换		5
	正确绘制多功能环境监测器流程图		10
	综合运用多种传感器实现环境监测器		15
完成过程	能够查阅工程文档、数据手册，以团队方式确定合理的设计方案和设计参数		5
	在教师的指导下，能团队合作解决遇到的问题		5
	实施过程中的操作规范、团队合作、职业素养、创新精神和工作效率等		5
	项目实施总分		65

项目总结

通过多功能环境监测器的设计与实现,掌握水分、光照、温湿度传感器电路设计方法;掌握 DS18B20.h、OneWire.h 库函数使用方法以及流程图绘制方法;具备绘制项目流程图、开发多种传感器综合应用程序能力,如图 5-21 所示。

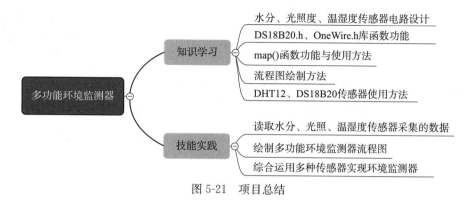

图 5-21 项目总结

项目 6
开发远程无线呼叫系统

项目导入

某公司准备为医院开发一套医疗远程无线呼叫系统,减少呼叫端布线、连接、安装等工作,接收端可以由医护人员随身携带,实时接收呼叫信号,避免医护人员需要在传统有线接收端实时等待或收不到呼叫信号问题,减轻大量的人力消耗。在考虑成本、实用性与安全性等因素后,公司决定使用 Arduino 作为主控器与 CC2530 单片机进行串口通信,应用 Basic RF 软件包,实现 ZigBee 无线网络通信,完成远程无线呼叫系统的开发。

学习目标

(1)能够搭建 Basic RF 软件工程环境。
(2)能够分析、修改 Basic RF 示例程序代码,实现无线数据发送、接收以及串口数据收发。
(3)掌握 FastLED 库使用方法,能够编写控制 WS2812B 工作的程序代码。
(4)掌握 Arduino 控制 CC2530 模块进行无线数据通信程序编写方法。
(5)掌握远程无线呼叫系统发送端、接收端工作过程及程序编写方法。
(6)具备严谨的程序开发、规范的代码测试工作态度,精益求精的产品功能、代码完善精神。

项目实施

任务 1　编写 ZigBee 无线通信程序

任务解析

学生通过完成本任务,应掌握使用 Basic RF 软件包实现 ZigBee 无线网络通信环境,编写

CC2530 微控制器控制程序。

一、了解 ZigBee 无线通信技术

ZigBee 是一种近距离、低复杂度、低功耗、低速率、低成本的双向无线通信技术，能够实现在数千个微小的传感器之间相互协调通信。它主要用于一些对传输速率要求不高、传输距离短且对功耗敏感的应用场合，目前已广泛应用于工业、农业、军事、环保和医疗等领域。

ZigBee 可工作在 2.4 GHz(全球)、868 MHz(欧洲)和 915 MHz(美国)3 个频段上，分别具有最高 250 kbit/s、20 kbit/s 和 40 kbit/s 的传输速率，传输距离为 10～100 m，可通过增加信号放大电路扩展传输距离。

ZigBee 技术具有如下特点：

(1)低功耗：传输速率低、发射功率小，在低耗电待机模式下，2 节 5 号干电池可支持 1 个节点工作 6～24 个月。

(2)低成本：通过大幅简化协议降低成本，降低了对通信控制器的要求，以 8051 内核的 8 位微控制器测算，全功能的主节点需要 32 KB 代码空间，子功能节点仅需 4 KB 代码空间。同时，ZigBee 协议专利免费。

(3)近距离：传输范围一般为 10～100 m，在增加 RF(射频)发射功率后，可增加到 1～3 km。通过路由和节点间的通信接力，可继续增加传输距离。

(4)短时延：通信时延和休眠激活时延小。典型的接入网络时延为 30 ms，休眠激活时延为 15 ms。

(5)网络容量高：可采用星形、树形、网状网络结构。一个主节点最多可管理 254 个子节点，通过节点级联最多可组成 65 000 个节点的通信网络。

(6)高安全：使用数据完整性检查与鉴权功能，采用 AES-128 的加密算法，且各个应用可以灵活确定安全属性，从而使网络安全得到有效保障。

二、认识 Basic RF 软件包

1. Basic RF 基础知识

TI 公司提供了基于 CC253x 芯片的 Basic RF 软件包，包括硬件层、硬件抽象层、基本无线传输层、应用层。Basic RF 采用了与 IEEE 802.15.4 标准 MAC 层兼容的数据包结构与 ACK 包结构，包含了 IEEE 802.15.4 标准数据包的发送和接收，因此可以认为是 IEEE 802.15.4 标准的子集。其功能限制如下：

(1)不会自动加入网络，不会自动扫描其他节点，不具备组网指示标志。

(2)不提供多种网络设备，如协调器、路由器等，所有节点设备处于同一级别，只能够实现点对点通信功能。

(3)传输时会等待信道空闲，但不按 IEEE 802.15.4 CSMA-CA 要求进行 CCA 检测。

(4)不具备数据包重传功能。

综上所述，Basic RF 与 ZigBee 技术是基于 IEEE 802.15.4 标准的物理层和 MAC 层。Basic RF 是一个简单的实现数据双向收发软件包，ZigBee 具有完整的网络层、传输层和应用层功能。

CC2530、Basic RF 与 ZigBee 之间的关系如图 6-1 所示。

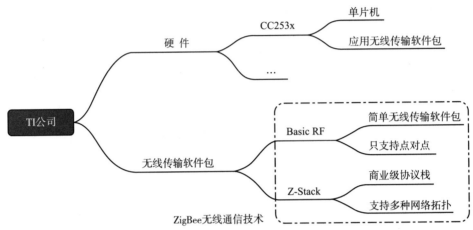

图 6-1 CC2530、Basic RF 与 ZigBee 之间的关系

2. Basic RF 关键函数分析

（1）无线通信初始化函数 basicRfInit()，功能是确定两个通信模块的"网络 ID"和"通信频道"一致，设置各模块的本机地址或编号。函数原型如下：

```
basicRfInit(basicRfCfg_t * pRfConfig)
```

参数中使用了 basicRfCfg_t 结构体，内容如下：

```
1  typedef struct
2  {
3      unsigned short myAddr;
4      unsigned short panId;
5      unsigned char channel;
6      unsigned char ackRequest;
7  # ifdef SECURITY_CCM
8      unsigned char * securityKey;
9      unsigned char * securityNonce;
10 # endif
11 } basicRfCfg_t;
```

第 3 行，本机地址，取值范围为 0x0000~0xffff，作为识别本模块的地址。

第 4 行，网络 ID，取值范围为 0x0000~0xffff，通信双方需保持此参数一致。

第 5 行，通信频道，取值范围为 11~26，通信双方需保持此参数一致。

第 6 行，应答信号。

第 7~10 行，预定义是否加密，可在预定义取消加密。

（2）无线数据发送函数 basicRfSendPacket()，功能是将数据发送到指定地址的模块，即调用该函数以无线形式发送数据。函数原型如下：

```
basicRfSendPacket(unsigned short destAddr,unsigned char * pPayload,unsigned char length)
```

参数 destAddr：发送的目的地址，即接收模块地址。
参数 * pPayload：发送数据缓冲区地址，该地址存放的是将要发送的数据。
参数 length：发送数据的长度，单位为字节。
（3）无线数据接收函数 basicRfReceive()，功能是接收其他模块以无线方式发送的数据。函数原型如下：

```
basicRfReceive(unsigned char * pRxData,unsigned short len,short * pRssi)
```

参数 * pRxData：接收数据缓冲区地址。
参数 len：接收数据长度。
参数 * pRssi：无线信号强度，与模块的发送功率及天线的增益有关。
（4）新接收数据检查函数 basicRfPacketIsReady()，功能是检查是否收到一个新的数据包，若有新数据，返回 TRUE。函数原型如下：

```
basicRfPacketIsReady(void);
```

（5）打开数据接收函数 basicRfReceiveOn()，功能是打开数据接收器，即允许接收。函数原型如下：

```
basicRfReceiveOn(void)
```

（6）关闭数据接收函数 basicRfReceiveOff()，功能是关闭数据接收器。函数原型如下：

```
basicRfReceiveOff(void)
```

3. 串口通信接收、发送函数

（1）串口通信接收函数 RecvUartData()，功能是接收串口数据，并以数据长度判断是否接收到数据。函数代码如下：

```
1   uint16 RecvUartData(void)
2   {
3       uint16 r_UartLen= 0;
4       uint8 r_UartBuf[128];
5       uRxlen= 0;
6       r_UartLen= halUartRxLen();
7       while(r_UartLen>0)
8       {
9           r_UartLen= halUartRead(r_UartBuf,sizeof(r_UartBuf));
10          MyByteCopy(uRxData,uRxlen,r_UartBuf,0,r_UartLen);
11          uRxlen+= r_UartLen;
12          halMcuWaitMs(5);
```

```
13          r_UartLen= halUartRxLen();
14      }
15      return uRxlen;
16  }
```

第 6 行,得到当前 RxBuffer 的长度。

第 9 行,得到读取到的串口数据长度。

第 10 行,将数据赋值到串口接收缓冲区。

第 12 行,延时 5 ms,串口连续读取数据时需有一定的时间间隔。

(2)串口发送函数 halUartWrite(),功能是创建一个缓冲区,把数据放入其中,调用 halUart-Write()函数将发送数据送到串口。

```
1   uint16halUartWrite(uint8 * buf,uint16 len)
2   {
3       uint16 cnt;
4       if (HAL_UART_ISR_TX_AVAIL()<len)
5       {
6           return 0;
7       }
8
9       for (cnt= 0;cnt<len;cnt++)
10      {
11          uartCfg.txBuf[uartCfg.txTail]=*buf++;
12          uartCfg.txMT= 0;
13
14          if (uartCfg.txTail> = HAL_UART_ISR_TX_MAX-1)
15          {
16              uartCfg.txTail= 0;
17          }
18          Else
19          {
20              uartCfg.txTail++;
21          }
22          IEN2|=UTX0IE;
23      }
24      return cnt;
25  }
```

第 11 行,代入形参 buf 对应实参内容,赋值到串口发送缓冲区。

任务实施

任务实施前需准备好表 6-1 所列设备和资源。

表 6-1 设备清单表

序号	设备/资源名称	数量
1	Arduino IDE	1
2	Arduino 开发板	2
3	SPI 接口 OLED 显示屏	2
4	IAR 软件	1
5	CC2530 模块	2

要完成本任务,可以将实施步骤分成以下几步:

(1)创建 Basic RF 工程项目。

(2)编写 CC2530 控制程序。

具体实施步骤如下:

1. 创建 Basic RF 工程项目

1)新建工程及添加头文件

登录 TI 官网,下载 CC2530 BasicRF.rar,解压缩。

复制库文件。将 CC2530_lib 文件夹复制到新建工程文件夹"D:\ZigBee"(可以是其他路径)。在该工程文件夹内新建一个 Project 文件夹,用于存放工程文件。

新建 IAR 工程,保存 workspace 工作空间名称为 demo.eww。在工程中新建 App、basicrf、board、common、utils 等 5 个组,把各文件夹中的"xx.c"文件添加到对应的文件夹中。

新建程序文件,将其命名为 uartRf.c,保存在 D:\ZigBee\Project 文件夹中,并将该文件添加到工程中的 App 文件夹中。

为工程添加头文件。选择 IAR 菜单中的 Project→Options 命令,在弹出的对话框中选择 C/C++Compiler,选择 Preprocessor 选项卡,并在 Additional include directories:(one per line)中输入头文件路径,如图 6-2 所示,然后单击 OK 按钮。

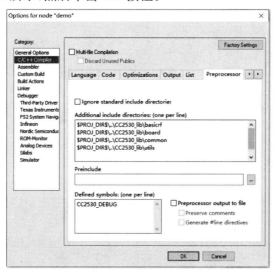

图 6-2 添加头文件

"＄PROJ_DIR＄\"代表当前工程文件所在的 workspace 的目录。

"..\"表示对应目录的上一层。

2）配置工程

选择 IAR 菜单中的 Project→Options 命令，分别对 General Options、Linker、Debugger 进行配置。

General Options 配置。选择 Target 选项卡，在 Device 选项栏单击 按钮，选择 CC2530F256.i51（路径为 C:\..\IAR Systems\Embedded Workbench 6.0\8051\config\devices\Texas Instruments），如图 6-3 所示。

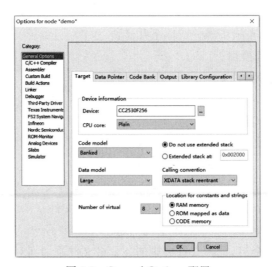

图 6-3　General Options 配置

Linker 配置。选择 Config 选项卡，勾选 Override default 复选框并选择 lnk51ew_CC2530F256_banked.xcl 文件（路径为 C:\..\IAR Systems\Embedded Workbench 6.0\8051\config\devices\Texas Instruments\lnk51ew_CC2530F256_banked.xcl）。

Debugger 配置。选择 Setup 选项卡，在 Driver 选项中选择 Texas Instruments，如图 6-4 所示。

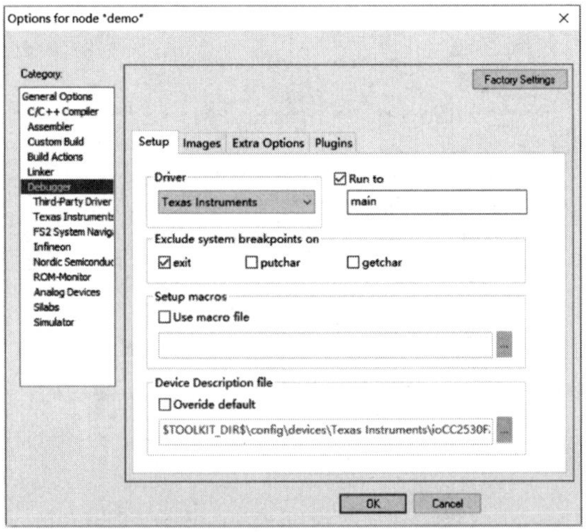

图 6-4　Debugger 配置

2. 编写 CC2530 控制程序

由于程序代码较长,此处只对关键部分的程序进行分析。

```
1   // 无线 RF 初始化
2   void ConfigRf_Init(void)
3   {
4     basicRfConfig.panId= PAN_ID;          //ZigBee 的 ID 号设置
5     basicRfConfig.channel= RF_CHANNEL;    //ZigBee 的频道设置
6     basicRfConfig.myAddr= MY_ADDR;        //设置本机地址
7     basicRfConfig.ackRequest= TRUE;       //应答信号
8     //检测 ZigBee 的参数是否配置成功
9     while(basicRfInit(&basicRfConfig)==FAILED);
10       basicRfReceiveOn();                // 打开 RF
11  }
12  void main(void)
13  {
14      uint16 len= 0;
15      uint8 flag= 0;
16      halBoardInit();   //模块相关资源的初始化
17      while(1)
18      {
19        len= RecvUartData();    // 接收串口数据
20         if(len>0)
21         {
22           if(flag= 0){
23           if((uRxData[0]==0xaa)&&(uRxData[1]==0xc7)&&(uRxData[2]==0x5a)){
24             ConfigRf_Init();//无线收发参数的配置初始化
25             flag= 1;
26             }
27            }
28           else //把串口数据通过 ZigBee 发送出去
29             basicRfSendPacket(SEND_ADDR,uRxData,len);
30          }
31          if(basicRfPacketIsReady())   //查询有没有收到无线信号
32          {
33             //接收无线数据
34             len= basicRfReceive(pRxData,MAX_RECV_BUF_LEN,NULL);
35             //接收到的无线发送到串口数
36             halUartWrite(pRxData,len);
37          }
38      }
39  }
```

第 4 行,设置 ZigBee 无线通信网络 ID 号,PAN_ID 是固定值或通过串口传递的数据值。

第 5 行,设置 ZigBee 无线通信频道,频道号同样是固定值或通过串口传递的数据值。

第 6 行,设置本机地址,固定值或串口传递的数据值。

第 10 行,打开无线通信接收。

第 16 行,初始化 CC2530 串口、中断、I/O 引脚等相关资源。

第 19 行,接收串口数据,返回值为接收数据长度,赋值给 len 变量。

第 22 行,使用 if 语句判断是否为无线收发初始化数据。

第 23 行,如果串口接收数据数组前 3 个字节分别为 0xaa、0xc7、0x5a,执行无线收发配置初始化函数;否则,接收为无效数据。

第 24 行,当执行无线收发配置函数后,置位标志位,不再进行无线收发配置初始化。

第 29 行,当 flag 不为 0 时,即已完成无线收发初始化配置,使用 basicRfSendPacket 函数将串口接收数据通过 ZigBee 发送出去。

第 31 行,使用 basicRfPacketIsReady() 函数检查是否收到无线信号。

第 34 行,使用 basicRfReceive() 函数接收无线数据,并保存在 pRxData 数组中。

第 35 行,使用 halUartWrite 函数将接收到的无线数据通过串口发送出去。

任务扩展

初始化函数 halBoardInit() 中存放着 CC2530 串口初始化波特率值,如何设置与 Arduino 端波特率相同,实现串口通信。

任务 2　调试无线呼叫系统

任务解析

学生通过完成本任务,应掌握 Arduino 连接 CC2530,使用 ZigBee 无线网络通信技术,实现无线呼叫系统。同时,无线呼叫系统连接全彩 LED、蜂鸣器用于声光提醒。

知识链接

一、了解 WS2812B

1. WS2812B 功能

WS2812B 是一个集控制电路与发光电路于一体的智能外控 LED 光源。其外形与一个 5050 (尺寸,5 mm×5 mm×1.6 mm)LED 灯珠相同,每个元件即为一个像素点。像素点内部包含了数据锁存信号整形放大驱动电路、高精度的内部振荡器和 12 V 高压可编程固定电流控制,有效保证像素点光的颜色高度一致。

数据协议采用单线归零码的通信方式,像素点在上电复位以后,DIN 端接收从控制器传输过来的数据,首先送过来的 24 bit 数据被第一个像素点提取后,送到像素点内部的数据锁存器,剩余的数据经过内部整形处理电路整形放大后通过 DO 端口开始转发输出给下一个级联的像素点,每经过一个像素点的传输,信号减少 24 bit。像素点采用自动整形转发技术,使得该像素点的级联个数不受信号传送数据量的限制,仅仅受限于信号传输速率。

将控制电路集成于 LED 上面,电路变得更加简单,体积小,安装更加简便。

2. WS2812B 特点

(1)集成控制电路与 LED 点光源共用一个电源。

(2)控制电路与 RGB 芯片集成在一个 5050 封装的元器件中,构成一个完整的外控像素点。

(3)内置信号整形电路,任何一个像素点收到信号后经过波形整形再输出,保证线路波形畸变不会累加。内置上电复位和掉电复位电路。

(4)每个像素点的三基色颜色可实现 256 级亮度显示,完成 16 777 216 种颜色的全真色彩显示,扫描频率不低于 400 Hz/s。

(5)串行级联接口,能通过 1 根信号线完成数据的接收与解码。任意两点传输距离在不超过 3 m 时无须增加任何电路。当刷新速率为 30 帧/s 时,像素点的级联个数不小于 1 024 点。

(6)数据发送速率可达 800 kbit/s。

(7)光的颜色高度一致,性价比高。

3. WS2812B 应用领域

LED 全彩发光字灯串、LED 全彩软灯条、硬灯条、LED 护栏管、LED 点光源、LED 像素屏,电子产品、设备跑马灯等。

4. 引脚功能(见表 6-2)

表 6-2 WS2812B 引脚功能

序号	符号	引脚名	功能描述
1	VDD	电源	供电引脚
2	DOUT	数据输出	控制数据信号输出
3	VSS	地	信号接地和电源接地
4	DIN	数据输入	控制数据信号输入

5. 数据传输方法(见图 6-5)

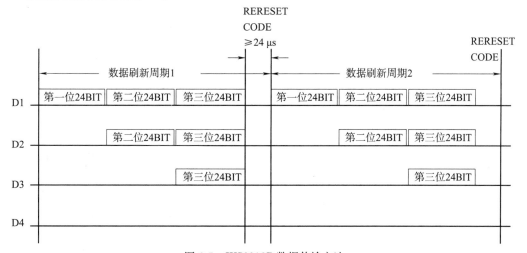

图 6-5 WS2812B 数据传输方法

图 6-5 中，D1 为 MCU 端发送的数据，D2、D3、D4 为级联电路自动整形转发的数据。RERE-SET CODE 为帧单位，低电平时间＞24 μs。

24 bit 数据结构，如图 6-6 所示。

G7	G6	G5	G4	G3	G2	G1	G0	R7	R6	R5	R4	R3	R2	R1	R0	B7	B6	B5	B4	B3	B2	B1	B0

图 6-6 24 bit 数据结构

注：高位先发，按照 GRB 的顺序发送数据。

6. 典型连接方法及应用电路

典型连接方法如图 6-7 所示。采用串行级联方式。

图 6-7 WS2812B 典型连接方法

典型应用电路如图 6-8 所示。

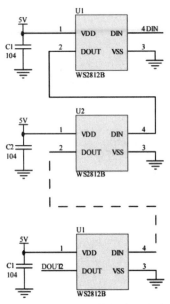

图 6-8 WS2812B 典型应用电路

二、了解 FastLED 库

FastLED 是一款快速、高效、易于使用的 Arduino 第三方库。用于控制可寻址 LED 和颜色显示。

FastLED 支持流行的 LED 包括 Neopixel、WS2801、WS2811、WS2812B、LPD8806、TM1809 等。该库可在各种 Arduino 和兼容板上运行，包括基于 AVR 和基于 ARM 的微控制器。FastLED 被成千上万的开发人员以及无数的商业产品使用。

1. FastLED 库的颜色表示方法

(1) RGB 三基色。指红、绿、蓝。人眼对 RGB 三色最为敏感,大多数的颜色可以通过 RGB 三色按照不同的比例合成产生。

(2) HSV 颜色。该方法中的 3 个参数分别是:色调(H)、饱和度(S)、明亮度(V)。

2. FastLED 库部分函数介绍

(1) addLeds()函数,功能是初始化全彩 LED。

函数使用方法:

```
FastLED.addLeds<WS2812B,LED_PIN,RGB> (leds,NUM_LEDS);
```

使用的全彩 LED 驱动芯片为 WS2812B,连接引脚为 LED_PIN,颜色显示模式为 RGB,全彩 LED 使用的数组名为 leds,全彩 LED 的数量为 NUM_LEDS。

(2) show()函数,功能是更新显示 LED 的颜色。需要调用此函数使用 LED 显示设置颜色。

函数使用方法:

```
FastLED.show();
```

(3) setBrightness()函数,功能是设置 LED 显示亮度。

函数使用方法:

```
FastLED.setBrightness(BRIGHTNESS);
```

设置 LED 显示亮度为 BRIGHTNESS。

(4) ColorFromPalette()函数,功能是返回指定色板中的颜色。FastLED 库 colorpalettes.cpp 中预设了 8 种色板,分别是 CloudColors_p、LavaColors_p、OceanColors_p、ForestColors_p、RainbowColors_p、RainbowStripeColors_p、PartyColors_p、HeatColors_p。

函数使用方法:

```
leds[0]=ColorFromPalette(OceanColors_p,120,255,LINEARBLEND);
```

以上语句将 LED 光带的第 1 个灯珠设置为 OceanColors_p 色板中颜色序号为 120 的颜色。LED 亮度为 255。色彩过渡为线性过渡效果(LINEARBLEND)。

(5) fillSolid()函数,功能是将 LED 光带设置为同一颜色。

函数使用方法:

```
fill_solid(leds,3,CRGB::Blue);
```

将 leds 光带的前 3 个 LED 设置为蓝色。

```
fill_solid(leds+6,3,CRGB::Red);
```

从 leds 光带第 7 个开始的 3 个 LED 设置为红色。

(6) fillPalette()函数,功能是使用调色板将 LED 光带设置为渐变色。
函数使用方法：

```
fill_palette(leds,3,0,8,OceanColors_p,255,LINEARBLEND);
```

将 leds 光带的前 3 个 LED 设置为渐变色。渐变色的色彩全部来自 FastLED 预设色板 OceanColors_p,灯带第一个灯珠的色板色彩序号为 0,相邻的两个 led 色彩序列号相差 8,色彩过渡为线性过渡效果。

任务实施前需准备好表 6-3 所列设备和资源。

表 6-3　设备清单表

序号	设备/资源名称	数量
1	Arduino IDE	1
2	Arduino 开发板	2
3	SPI 接口 OLED 显示屏	2
4	CC2530 模块	2

使用FastLED库控制全彩LED

要完成本任务,可以将实施步骤分成以下几步:
(1)编写全彩 LED 控制程序。
(2)编写 Arduino 控制 CC2530 进行无线数据通信程序。
(3)开发远程无线呼叫系统。
具体实施步骤如下:

1. 编写全彩 LED 控制程序

(1)使用 FastLED 库控制 3 个 WS2812B 全彩 LED 轮流显示不同颜色。
程序代码如下:

```
1   //全彩 LED----------------------------------------
2   # include"FastLED.h"
3   //------------------------------------------------
4   # define NUM_LEDS    3
5   # define LED_PIN     A0
6   # define BRIGHTNESS  64
7   CRGB leds[NUM_LEDS];
8   //------------------------------------------------
9   void setup()
10  {
11    Serial.begin(9600);
12    FastLED.addLeds<WS2812B,LED_PIN,RGB> (leds,NUM_LEDS);
```

```
13      FastLED.setBrightness(BRIGHTNESS);
14  }
15  //----------------------------------------------------
16  void loop()
17  {
18      leds[0]=CRGB::Orange;
19      leds[1]=CRGB::White;
20      leds[2]=CRGB::Navy;
21      FastLED.show();
22      delay(1000);
23
24      leds[0]=CRGB::Red;
25      leds[1]=CRGB::Black;
26      leds[2]=CRGB::Black;
27      FastLED.show();
28      delay(1000);
29
30      leds[0]=CRGB::Black;
31      leds[1]=CRGB::Green;
32      leds[2]=CRGB::Black;
33      FastLED.show();
34      delay(1000);
35
36      leds[0]=CRGB::Black;
37      leds[1]=CRGB::Black;
38      leds[2]=CRGB::Blue;
39      FastLED.show();
40      delay(1000);
41  }
```

第 2 行,调用 FastLED 库,前提是 Arduino IDE 安装文件夹下\libraries 文件夹包含该库文件。例如,安装路径为 C:\Program Files (x86)\arduino-1.8.5\libraries。

第 4~6 行,初始化 LED 个数、连接引脚、亮度。

第 7 行,声明 LED 控制数组,名称为 leds。

第 12 行,调用 FastLED 初始化函数 addLeds(),使用 WS2812B 驱动芯片,Arduino LED_PIN 连接引脚,RGB 模式色彩显示。

第 13 行,设置显示亮度为 BRIGHTNESS,BRIGHTNESS 常量在第 6 行定义为 64。

第 18~20 行,设置第 1、2、3 个 LED 颜色分别为 Orange、White、Navy。注意:只是设置,LED 不显示颜色。

第 21 行,调用 show()函数,更新颜色显示,LED 将显示设置颜色。

第 24~40 行,与第 18~21 行程序代码类似。分别在第 1、2、3 个 LED 显示 Red、Green、Blue,

Black 为熄灭 LED。Red 等颜色名称可以在 pixeltypes.h 中查看并使用。

颜色显示过程见表 6-4。

表 6-4 颜色显示过程

序 号	第 1 个 LED	第 2 个 LED	第 3 个 LED
第 1 次	橙	白	蓝
第 2 次	红	熄灭	熄灭
第 3 次	熄灭	绿	熄灭
第 4 次	熄灭	熄灭	蓝

综合应用全彩 LED

编译、下载程序代码到 Arduino 开发板，通过 A0 端口连接全彩 LED 模块。

(2) 使用 FastLED 库颜色调色板 (color palettes) 控制 3 个 WS2812B 全彩 LED 显示不同颜色。

程序代码如下：

```
1   //-----------------------------------------------
2   # include <FastLED.h>
3   # include <OLED.h>
4   OLED myOLED;
5   //-----------------------------------------------
6   # define LED_PIN     A0
7   # define NUM_LEDS    3
8   # define BRIGHTNESS  64
9   CRGB leds[NUM_LEDS];
10  # define UPDATES_PER_SECOND  100
11  CRGBPalette16 currentPalette;
12  TBlendTypecurrentBlending;
13  extern CRGBPalette16 myRedWhiteBluePalette;
14  extern const TProgmemPalette16 myRedWhiteBluePalette_p PROGMEM;
15  //-----------------------------------------------
16  void setup()
17  {
18      delay(100);
19      FastLED.addLeds<WS2812B, LED_PIN, GRB>(leds, NUM_LEDS).setCorrection(TypicalLEDStrip);
20      FastLED.setBrightness(BRIGHTNESS);
21      currentPalette= RainbowColors_p;
22      currentBlending= LINEARBLEND;
23      myOLED.begin(FONT_8x16);//FONT_6x8,FONT_8x16
24      myOLED.println("RGB LED");
```

```
25    myOLED.println("Color Palette");
26  }
27  //--------------------------------------------------------
28  void loop()
29  {
30    ChangePalettePeriodically();
31    static uint8_t startIndex=0;
32    startIndex=startIndex+1;
33    FillLEDsFromPaletteColors(startIndex);
34    FastLED.show();
35    FastLED.delay(1);
36  }
37  //--------------------------------------------------------
38  void FillLEDsFromPaletteColors(uint8_t colorIndex)
39  {
40    uint8_t brightness=255;
41
42    for(inti=0;i<NUM_LEDS;i++)
43    {
44      leds[i]=ColorFromPalette(currentPalette,colorIndex,brightness,currentBlending);
45      colorIndex+=3;
46    }
47  }
48  //--------------------------------------------------------
49  void ChangePalettePeriodically()
50  {
51    uint8_t secondHand=(millis()/1000)%60;
52    static uint8_t lastSecond=99;
53    if(lastSecond!=secondHand)
54    {
55      lastSecond=secondHand;
56      if(secondHand==0){currentPalette=RainbowColors_p;currentBlending=LINEARBLEND;}
57      if(secondHand==10){currentPalette=RainbowStripeColors_p;currentBlending=NOBLEND;}
58      if (secondHand==15){currentPalette=RainbowStripeColors_p;currentBlending=LIN-
          EARBLEND;}
59      if(secondHand==20){SetupPurpleAndGreenPalette();currentBlending=LINEARBLEND;}
60      if(secondHand==25){SetupTotallyRandomPalette();currentBlending=LINEARBLEND;}
61      if(secondHand==30){SetupBlackAndWhiteStripedPalette();currentBlending=NOBLEND;}
```

```
62      if(secondHand==35){SetupBlackAndWhiteStripedPalette();currentBlending=LINEAR-
        BLEND;}
63      if(secondHand==40){currentPalette=CloudColors_p;currentBlending=LINEARBLEND;}
64      if(secondHand==45){currentPalette=OceanColors_p;currentBlending=LINEARBLEND;}
65      if(secondHand==50){currentPalette=myRedWhiteBluePalette_p;currentBlending=NOBLEND;}
66      if(secondHand==55){currentPalette=myRedWhiteBluePalette_p;currentBlending=LIN-
        EARBLEND;}
67    }
68 }
69 //---------------------------------------------------------
70 void SetupTotallyRandomPalette()
71 {
72    for(inti=0;i<16;i++)
73    {
74      currentPalette[i]=CHSV(random8(),255,random8());
75    }
76 }
77 //---------------------------------------------------------
78 void SetupBlackAndWhiteStripedPalette()
79 {
80    fill_solid(currentPalette,16,CRGB::Black);
81    // and set every fourth one to white.
82      currentPalette[0]=CRGB::White;
83      currentPalette[4]=CRGB::White;
84      currentPalette[8]=CRGB::White;
85      currentPalette[12]=CRGB::White;
86 }
87 //---------------------------------------------------------
88 void SetupPurpleAndGreenPalette()
89 {
90    CRGB purple=CHSV(HUE_PURPLE,255,255);
91    CRGB green=CHSV(HUE_GREEN,255,255);
92    CRGB black=CRGB::Black;
93
94    currentPalette=CRGBPalette16(green,green,black,black,
95                                 purple,purple,black,black,
96                                 green,green,black,black,
97                                 purple,purple,black,black);
98 }
```

```
 99  //--------------------------------------------------------
100  const TProgmemPalette16 myRedWhiteBluePalette_p PROGMEM=
101  {
102      CRGB::White,
103      CRGB::Gray,
104      CRGB::Blue,
105      CRGB::Black,
106
107      CRGB::Red,
108      CRGB::Gray,
109      CRGB::Blue,
110      CRGB::Black,
111
112      CRGB::Red,
113      CRGB::Red,
114      CRGB::Gray,
115      CRGB::Gray,
116      CRGB::Blue,
117      CRGB::Blue,
118      CRGB::Black,
119      CRGB::Black
120  };
```

第 14 行，自定义调色板，并存放在 ROM 存储器中。

第 21 行，使用 FastLED 库预设 RainbowColors_p 调色板。

第 22 行，设置颜色过渡方式为 LINEARBLEND 线性过渡。

第 30 行，调用自定义 ChangePalettePeriodically() 函数，函数在第 49 行定义。

第 33 行，调用自定义 FillLEDsFromPaletteColors() 函数，函数在第 38 行定义。

第 42~45 行，使用 for() 函数，查找对应 LED。使用 ColorFromPalette() 函数对 LED 进行设置，currentPalette 为预设 RainbowColors_p 调色板，currentBlending 为 LINEARBLEND 线性过渡。

第 49 行，自定义函数 ChangePalettePeriodically()。

第 51 行，调用 Arduino 系统函数 millis()，获取 Arduino 开机后运行的时间长度，单位为 ms。"/1000"的运算是将毫秒值转换成秒。"%60"的运算是以 1 min 为周期轮换，如 65%60 的结果为 5。

第 52 行，static 描述的是静态局部变量，该变量在第一次使用时赋值 99，之后调用不再赋值 99 而使用新的被改变的数据值，如第 55 行，即在程序执行到该对象的声明处时被首次初始化，以后的函数调用不再进行初始化。

第 53、55 行，lastSecond 与 secondHand 变量比较，目的是当 secondHand 变量有变化时执行，即每秒 if 语句执行一次内部语句，secondHand 变量不变时，if 语句不执行内部语句。

第 56 行，Arduino 开机后运行的时间长度小于 1 s 时，执行{}包含的内容，即调色板为 RainbowColors_p，色彩过渡方式为 LINEARBLEND。

短距离无线通信ZigBee应用

第 57 行，Arduino 开机后运行的时间长度大于 10 s 并且小于 11 s 时，secondHand 值等于 10，执行{}包含的内容。

第 59 行，Arduino 开机后运行的时间长度大于 20 s 并且小于 21 s 时，调用自定义函数 SetupPurpleAndGreenPalette()，函数在第 88 行定义。

第 60~66 行，以此类推，调用自定义函数或使用预设调色板。

第 74 行，使用 HSV 颜色表示方法，参数分别为色调、饱和度、明亮度。H 参数表示色彩信息，即所处的光谱颜色的位置，用角度量来表示，红、绿、蓝分别相隔 120°，互补色分别相差 180°。纯度 S 为比例值，范围从 0 到 1，表示成所选颜色的纯度和该颜色最大的纯度之间的比率，值越大，颜色越饱和。V 表示色彩的明亮程度，通常取值范围为 0%（黑）到 100%（白）。

第 74 行，random8()为随机函数，函数随机返回 0~255 之间的整数值。

第 80 行，使用 fill_solid()函数，将 currentPalette 色板前 16 个设置为 Black。

第 90~92 行，定义颜色变量并赋值。

基于Basic RF的无线传感网络应用

第 94~97 行，自定义调色板并依次赋值()中的内容。

第 100~120 行，在第 14 行进行声明，自定义调色板，并存放在 ROM 存储器中。

编译、下载程序代码到 Arduino 开发板，通过 A0 端口连接全彩 LED 模块。

2. 编写 Arduino 控制 CC2530 进行无线数据通信程序

使用两套 Arduino 与 CC2530 模块完成无线数据通信。程序包含发送和接收两部分内容，分别下载到 Arduino 板并连接 CC23530 模块。CC2530 模块需提前下载串口收发程序。程序代码如下：

```
1  //------------------------------------------
2  // CC2530_TxRx.ino
3  //------------------------------------------
4  # include <SoftwareSerial.h>
5  # include <OLED.h>
6
7  OLED myOLED;
8
9  //SoftwareSerial mySerial(A5,A4);// RX,TX
10  SoftwareSerial mySerial(A1,A2);// RX,TX
11
12  # define RECV_MAX    32
13  uint8_t RecvBuf[RECV_MAX];
14  uint8_t RecvLen;
15  int RecvCount;
16
17  //------------------------------------------
18  void setup()
```

```
19  {
20      myOLED.begin(FONT_8x16);//FONT_6x8,FONT_8x16
21      mySerial.begin(9600);
22      Serial.begin(9600);
23      Zigbee_setup(26,0x1001,0x2002);
24      myOLED.println("CC2530 Test");
25      RecvCount=0;
26      RecvLen=0;
27  }
28
29  //--------------------------------------------
30  void loop()
31  {
32      uint8_t ch;
33      if(mySerial.available())
34      {
35          ch=mySerial.read();
36          if(RecvLen<RECV_MAX)
37          {
38              RecvBuf[RecvLen++]=ch;
39          }
40              RecvCount=200;
41      }
42      if(Serial.available())
43      {
44          ch=Serial.read();
45          mySerial.write(ch);
46      }
47      delayMicroseconds(10);
48      if(RecvCount>0)
49      {
50          RecvCount--;
51          if(RecvCount==0)
52          {
53              RecvBuf[RecvLen++]=0x00;
54              Serial.println((char *)RecvBuf);
55              myOLED.println((char *)RecvBuf);
56              RecvLen=0;
57          }
58      }
59  }
60
```

```
61  //------------------------------------------
62  void Zigbee_setup(uint8_t channel,uint16_t panid,uint16_t addr)
63  {
64      int i,len;
65  
66      // get Channel/PAN ID/Address
67      mySerial.write(0xAA);
68      mySerial.write(0xC7);
69      mySerial.write(0xBB);
70      delay(30);
71  
72      // set Channel/PAN ID/Address
73      mySerial.write(0xAA);
74      mySerial.write(0xC7);
75      mySerial.write(0x5A);
76      mySerial.write(channel);
77      mySerial.write(panid> > 8);
78      mySerial.write(panid&0xff);
79      mySerial.write(addr> > 8);
80      mySerial.write(addr&0xff);
81      mySerial.write(0xBB);
82  }
```

第 4 行，调用软件串口库，即允许 Arduino 的其他数字引脚进行串行通信。

第 10 行，声明软件串口名称为 mySerial，连接引脚为 A1、A2。

第 13 行，定义接收缓冲区，大小为 32。

第 21 行，初始化软件串口，波特率为 9600。

第 23 行，调用 Zigbee_setup() 函数，从软件串口输出频道、PANID、地址信息到 CC2530。

第 33 行，从 CC2530 端发送串口数据，Arduino 端接收数据，即收到另一端发送的无线通信数据。

使用 available() 函数，功能是从串口获得可以读取的数据字节数，即当串口有接收数据时，该语句返回值大于 0。该数据指的是存储在串口缓存中的字节数（此缓存可存储 64 字节的数据）。

第 35 行，使用 read() 函数读取串口中可读取数据的第 1 个字节。该返回值为整数型，返回值内容是读取到数据的 ASCII 码。

第 36 行，判断接收数据长度是否小于设定 32 个存储空间。

第 38 行，将接收字符存储到 RecvBuf 数组中。

第 42 行，判断硬件串口是否有接收数据，即是否向另一端发送无线通信数据。

第 44 行，读取硬件串口数据赋值到 ch 变量中。

第 45 行，通过软件串口将 ch 字符发送出去，即软件串口连接 CC2530，将字符发送到 CC2530 端，CC2530 端完成无线数据发送。

第 48～50 行，判断 RecvCount 变量值是否大于 0，RecvCount 变量值同时在第 40 行被改变，实现了等待多个字符的接收功能。

第 51 行，当一段时间内不再有新数据接收时，RecvCount 等于 0。

第 53 行，在接收字符或字符串末尾添加 0x00，即 '\0' 的 ASCII 码。

第 54 行，在接收端硬件串口输出接收字符串。(char *)为强制类型转换为指向字符的指针类型。

第 55 行，在 OLED 显示屏上显示接收字符串。

第 62～82 行，为 Zigbee_setup() 函数及内容，功能是通过 Arduino 软件串口输出控制 CC2530 端开启无线数据收发初始化内容，语句内容需与 CC2530 端程序代码配合使用。

分别下载程序代码到两块 Arduino 开发板，连接 CC2530 模块。打开其中一端串口监视器作为发送端，并在串口监视器输入栏输入字符，单击"发送"按钮。在另一端 OLED 显示屏上可显示发送端发送字符。串口监视器发送如图 6-9 所示。

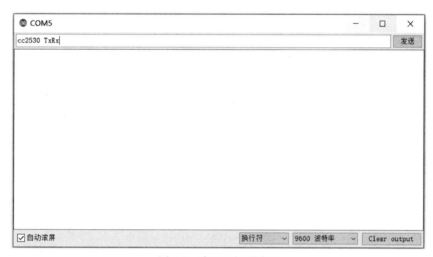

图 6-9　串口监视器发送

接收端 OLED 显示如图 6-10 所示。

图 6-10　接收端 OLED 显示

3. 开发远程无线呼叫系统

使用两套 Arduino 开发板与 CC2530 模块完成无线数据通信。分别下载发送端、接收端程序到两套 Arduino 开发板并连接 CC23530 模块。CC2530 模块需提前下载串口收发程序。

发送端程序代码如下：

```
1   //------------Declare-CC2530---------------------
2   # include <SoftwareSerial.h>
3   SoftwareSerial myZigBee(A1,A2);
4   # define   Kit1Channel 12
5   # define   Kit1Panid 0xb217
6   # define   Kit1Addr   0x2002
7   //-------Declare-OLED----------------------
8   # include <OLED.h>
9   OLED myOLED;
10  //-------Declare-Buzzer--------------------
11  # define buzzerPIN   A3
12  //-------Declare-KEY----------------------
13  # define   KEY1   2
14  # define   KEY2   6
15  int DemoFunc= 0;
16
17  void setup()
18  {
19  //---------------Setup ZigBee---------------
20    myZigBee.begin(9600);
21    Serial.begin(9600);
22    Zigbee_setup(Kit1Channel,Kit1Panid,Kit1Addr);
23  //-------Setup-set OLED FONT_8x16----------------
24    myOLED.begin(FONT_8x16);//FONT_6x8,FONT_8x16
25    myOLED.clearScreen();
26    myOLED.println("Enter KEY2 Sel:");
27  //-------Setup buzzer----------------------
28    pinMode(buzzerPIN,OUTPUT);
29    digitalWrite(buzzerPIN,LOW);
30  //-------Setup-KEY------------------------
31    pinMode(KEY1,INPUT_PULLUP);
32    pinMode(KEY2,INPUT_PULLUP);
33  }
34  void loop() {
35    int   BnState= digitalRead(KEY1);
36    //确认按键
37    if(BnState==0)
38    {
39      delay(500);
40      switch(DemoFunc)
41      {
```

```
42      case 1:
43          myZigBee.println("DL55");break;
44      case 2:
45          myZigBee.println("DS11");break;
46      case 3:
47          myZigBee.println("W1RS2");break;
48      case 4:
49          myZigBee.println("W1DL3");break;
50      case 5:
51          myZigBee.println("W2GA5");break;
52      case 6:
53          Beep(4,1000);
54          myZigBee.println("BL4");break;
55      case 7:
56          Beep(4,1000);
57          myZigBee.println("BS6");break;
58      }
59  }
60  BnState=digitalRead(KEY2);
61    //选择按键
62  if(BnState==0){
63    delay(700);
64    DemoFunc=DemoFunc+1;
65    if(DemoFunc>7)
66      DemoFunc=1;
67    myOLED.setPosi(2,0);
68    myOLED.print("Func No= :");
69    myOLED.println(DemoFunc);
70    myOLED.setPosi(4,0);
71    switch(DemoFunc)
72    {
73      case 1:
74          myOLED.print("Send:DL55");break;
75      case 2:
76          myOLED.print("Send:DS11");break;
77      case 3:
78          myOLED.print("Send:W1RS2");break;
79      case 4:
80          myOLED.print("Send:W1DL3");break;
81      case 5:
82          myOLED.print("Send:W2GA5");break;
83      case 6:
```

```
84            myOLED.print("Send:BL4");break;
85        case 7:
86            myOLED.print("Send:BS6");break;
87        }
88    }
89    String uartRead="";
90    if(myZigBee.available()){
91      uartRead=myZigBee.readString();
92      myOLED.setPosi(6,0);
93      if(uartRead[0]=='o'&&uartRead[1]=='k')
94        myOLED.print("ok");
95    }
96  }
97  //----------------------------------------
98  void Zigbee_setup(uint8_t channel,uint16_t panid,uint16_t addr)
99  {
100     int i,len;
101
102     // get Channel/PAN ID/Address
103     myZigBee.write(0xAA);
104     myZigBee.write(0xC7);
105     myZigBee.write(0xBB);
106     delay(30);
107
108     // set Channel/PAN ID/Address
109     myZigBee.write(0xAA);
110     myZigBee.write(0xC7);
111     myZigBee.write(0x5A);
112     myZigBee.write(channel);
113     myZigBee.write(panid>>8);
114     myZigBee.write(panid&0xff);
115     myZigBee.write(addr>>8);
116     myZigBee.write(addr&0xff);
117     myZigBee.write(0xBB);
118  }
119  void Beep(int n,int finv)
120  {
121     int i;
122     for(i=0;i<n;i++)
123     {
124        digitalWrite(buzzerPIN,HIGH);
125        delay(finv);
```

```
126        digitalWrite(buzzerPIN,LOW);
127        delay(finv);
128    }
129 }
```

第 2~32 行，初始化相关设置，可参考前文程序说明内容。

第 40~57 行，确认功能。使用 switch 语句，匹配 DemoFunc 变量值，DemoFunc 变量值在按键 2 函数中被改变。当按下按键 1 时，向 CC2530 端发送 case 1~case 7 中的某一语句功能，例如 DemoFunc 为 2 时，发送"DS11"。

第 60~66 行，选择功能。每按下按键 2 一次，DemoFunc 变量值在 1~7 之间变化一次。

第 67~86 行，根据 DemoFunc 变量值，在 OLED 显示屏显示 case1~7 对应内容。

第 89 行，定义字符串类型变量 uartRead。

第 90 行，判断是否有无线接收数据，即另一端（接收端）是否发送反馈信息。

第 91 行，读取接收信息。

第 93 行，判断接收信息内容前两个字符是否为"ok"，如果是，执行第 94 行，在 OLED 显示屏上输出 ok。

发送端由 3 段程序代码组成 loop()函数，即按键 1 是否按下、按键 2 是否按下、是否收到反馈信息 3 部分。loop()函数将循环判断 3 个 if 判断语句。

接收端程序代码如下：

```
1  //----------------------------------------
2  # include <SoftwareSerial.h>
3  SoftwareSerial myZigBee(A1,A2);
4  # define   Kit1Channel 12
5  # define   Kit1Panid 0xb217
6  # define   Kit1Addr  0x2001
7  # define   RECV_MAX    32
8  uint8_t RecvBuf[RECV_MAX];
9  uint8_t RecvLen;
10   int RecvCount;
11  bool flag= 0;
12  //-------Declare-OLED----------------------
13  # include <OLED.h>
14  OLED myOLED;
15  //-------Declare-LED1W-MD1-----------------
16  # define LED 3
17  # define KEY1 2
18  //-------Declare-RGB LED WS2812Driver----
19  # include"FastLED.h"
20  # define LED_PIN      A0
21  # define NUM_LEDS     3
```

```
22   # define BRIGHTNESS    28
23   CRGB leds[NUM_LEDS];
24   # define UPDATES_PER_SECOND    100
25   CRGBPalette16 currentPalette;
26   TBlendTypecurrentBlending;
27   extern CRGBPalette16 myRedWhiteBluePalette;
28   extern const TProgmemPalette16 myRedWhiteBluePalette_p PROGMEM;
29   //--------Declare-Buzzer-----------------
30   # define buzzerPIN    A3
31   void setup()
32   {
33   //--------------Setup ZigBee---------
34     myZigBee.begin(9600);
35     Zigbee_setup(Kit1Channel,Kit1Panid,Kit1Addr);
36     RecvCount= 0;
37     RecvLen= 0;
38     //--------Setup-ED1W-MD1-------------------
39     pinMode(LED,OUTPUT);
40     analogWrite(LED,0);
41     //---------Setup-Buzzer-------------
42     pinMode(buzzerPIN,OUTPUT);
43     digitalWrite(buzzerPIN,LOW);
44     //-----------------------------
45     pinMode(KEY1,INPUT_PULLUP);
46     delay(100);
47     FastLED.addLeds<WS2812B,LED_PIN,RGB>(leds,NUM_LEDS).setCorrection(TypicalLEDStrip);
48     FastLED.setBrightness(BRIGHTNESS);
49     currentPalette= RainbowColors_p;
50     currentBlending= LINEARBLEND;
51     //--------Setup-set OLED FONT_8x16---------
52     myOLED.begin(FONT_8x16);
53     myOLED.clearScreen();
54     myOLED.println("IOT_ZigBee");
55     myOLED.println("LED_RGB_Buzzer");
56   }
57
58   void loop() {
59     String uartRead= "";
60     if (myZigBee.available())
61     {
62         uartRead= myZigBee.readString();
63         myOLED.setPosi(6,0);
```

```
64      myOLED.print(uartRead);
65      flag=1;
66    switch(uartRead[0])
67    {
68      //uartRead[0]
69      case 'W':
70        if(uartRead[3]=='L')
71            //0x30是字符0的ASCII码值,-0x30将字符转换为数字值
72        Flash_RGB(uartRead[1]-0x31,uartRead[4]-0x30,uartRead[2],1000);
73          if(uartRead[3]=='S')
74        Flash_RGB(uartRead[1]-0x31,uartRead[4]-0x30,uartRead[2],200);
75          if(uartRead[3]=='A')
76          {
77              leds[0]=CRGB::Black;
78              leds[1]=CRGB::Black;
79              leds[2]=CRGB::Black;
80          }
81          if(uartRead[2]=='R')   leds[uartRead[1]-0x31]=CRGB::Red;
82          if(uartRead[2]=='G')   leds[uartRead[1]-0x31]=CRGB::Green;
83          if(uartRead[2]=='B')   leds[uartRead[1]-0x31]=CRGB::Blue;
84          if(uartRead[2]=='Y')   leds[uartRead[1]-0x31]=CRGB::Yellow;
85          if(uartRead[2]=='W')   leds[uartRead[1]-0x31]=CRGB::White;
86          if(uartRead[2]=='D')   leds[uartRead[1]-0x31]=CRGB::Black;
87        FastLED.show();   delay(500);
88        break;
89      //uartRead[0]
90      case 'D':
91            if(uartRead[1]=='L')
92                Flash_LED(uartRead[2]-0x30,1000);
93            else if(uartRead[1]=='S')
94                Flash_LED(uartRead[2]-0x30,200);
95            Else
96            {
97            int duty= (uartRead[1]-0x30)*100+(uartRead[2]-0x30)*10+(uartRead[3]-0x30);
98                analogWrite(LED,duty);
99            }
100         break;
101     //uartRead[0]
102     case 'B':
103         if(uartRead[1]=='L') {
104             Beep(uartRead[2]-0x30,1000);
```

```
            }
          else if(uartRead[1]=='S'){
              Beep(uartRead[2]-0x30,200);
            }
        break;
      }
      delay(1000);
    }
    int  BnState=digitalRead(KEY1);
    if(BnState==0)
      if(flag==1){
          flag=0;
          myOLED.setPosi(4,0);
          myZigBee.print("ok");
          myOLED.println("ok");
      }
}

void Beep(int n,int finv)
{
  int i;
  for(i=0;i<n;i++)
  {
    digitalWrite(buzzerPIN,HIGH);    // 开启蜂鸣器
    delay(finv);
    digitalWrite(buzzerPIN,LOW);     // 关闭蜂鸣器
    delay(finv);
  }
}
void Flash_LED(int n,int finv)
{
  int i;
  analogWrite(LED,0);
  for(i=0;i<n;i++)
  {
    analogWrite(LED,255);
    delay(finv);
    analogWrite(LED,0);
    delay(finv);
  }
}
```

```
147  void Flash_RGB(int m,int n,char c,int finv)
148  {
149    int i;
150    leds[m]=CRGB::Black;
151    for(i=0;i<n;i++)
152    {
153      if(c=='R')   leds[m]=CRGB::Red;
154      if(c=='G')   leds[m]=CRGB::Green;
155      if(c=='B')   leds[m]=CRGB::Blue;
156      //if(c=='Y')   RGB_Set(m,255,255,0);
157      FastLED.show();
158      delay(finv);
159      leds[m]=CRGB::Black;
160      FastLED.show();
161      delay(finv);
162    }
163  }
164  //-----------------------------------------
165  void Zigbee_setup(uint8_t channel,uint16_t panid,uint16_t addr)
166  {
167    int i,len;
168    // get Channel/PAN ID/Address
169    myZigBee.write(0xAA);
170    myZigBee.write(0xC7);
171    myZigBee.write(0xBB);
172    delay(30);
173
174    // set Channel/PAN ID/Address
175    myZigBee.write(0xAA);
176    myZigBee.write(0xC7);
177    myZigBee.write(0x5A);
178    myZigBee.write(channel);
179    myZigBee.write(panid>>8);
180    myZigBee.write(panid&0xff);
181    myZigBee.write(addr>>8);
182    myZigBee.write(addr&0xff);
183    myZigBee.write(0xBB);
184  }
```

接收端完成两个功能：一是接收字符串内容并根据字符串内容执行相应动作，二是当按下"确认"键时，向发送端发送反馈信息，告知发送端已接收到该信息。

第1～55行，为初始化相关设置，可参考前文程序说明内容。

第65行，置位标志位，在按键识别函数中使用。

第 66 行,判断接收字符串内容的第 1 个字符,如果为'W',执行第 70～88 行代码;如果为'D',执行第 91～100 行代码;如果为'B',执行第 103～110 行代码。接收字符匹配内容如图 6-11 所示。

uartRead[0]	[1]	[2]	[3]	[4]
W		1	R	L	
		2	G	S	
		3	B	A	
			Y		0~9
			W		
			D		
D	L				
	S	0~9	0~9		
B	L				
	S	0~9			

图 6-11 接收字符匹配内容

第 71 行,作为注释,解释了如何将 ASCII 码值转换为数字值。

第 113～121 行,当按下按键 1 时,判断 flag 是否为 1,flag 标志位在第 65 行置位,即当有接收数据时,才允许发送反馈信息。

第 118 行,发送无线数据字符串 ok,用于向发送端反馈已接收到数据。

第 123～133 行,蜂鸣器发声驱动函数,参数由发送端发送。

第 134～145 行,1 W LED 闪烁函数,参数由发送端发送。

第 147～163 行,全彩 LED 显示函数,参数由发送端发送。

分别下载程序代码到两块 Arduino 开发板,连接 CC2530 模块。发送端按下按键 2 选择发送内容;按键 1 确定发送。接收端接收内容并执行字符串内容;当按下按键 1 时,向发送端发送 ok 反馈信息并在 OLED 显示屏显示。发送端 OLED 显示屏显示内容如图 6-12 所示。

接收端 OLED 显示屏显示内容如图 6-13 所示。

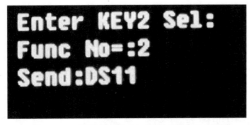

图 6-12 发送端 OLED 显示屏显示内容

图 6-13 接收端 OLED 显示屏显示内容

项目 6　开发远程无线呼叫系统　151

任务扩展

当有多组发送端时,如何修改发送端、接收端程序代码使接收端能够识别不同发送端,并将反馈信息发送到不同发送端。

项目检查与评价

项目实施过程可采用分组学习的方式。学生 2～3 人组成项目团队,团队协作完成项目,项目完成后撰写项目设计报告,按照测试评分表(见表 6-5),小组互换完成设计作品测试,教师抽查学生测试结果,考核操作过程、仪器仪表使用、职业素养等。

表 6-5　远程无线呼叫系统测试评分表

	项 目	主要内容	分数
设计报告	系统方案	比较与选择; 方案描述	5
	理论分析与设计	Basic RF 代码分析、FastLED 库分析	5
	电路与程序设计	功能电路选择; 控制程序设计	10
	测试方案与测试结果	合理设计测试方案及恰当的测试条件; 测试结果完整性; 测试结果分析	10
	设计报告结构及规范性	摘要; 设计报告正文的结构; 图表的规范性	5
	项目报告总分		35
功能实现	正确搭建 Basic RF 软件工程环境,实现无线数据发送、接收以及串口数据收发		15
	正确使用 FastLED 库控制 WS2812B 工作		10
	实现 Arduino 控制 CC2530 进行无线数据通信		10
	实现远程无线呼叫系统发送端、接收端数据发送、接收		15
完成过程	能够查阅工程文档、数据手册,以团队方式确定合理的设计方案和设计参数		5
	在教师的指导下,能团队合作解决遇到的问题		5
	实施过程中的操作规范、团队合作、职业素养、创新精神和工作效率等		5
	项目实施总分		65

项目总结

通过远程无线呼叫系统的设计与实现,能够搭建 Basic RF 工程环境,分析、修改 Basic RF 示例程序代码,掌握 FastLED 库使用方法,具备开发、控制多主机进行无线数据通信程序能力(见图 6-14)。

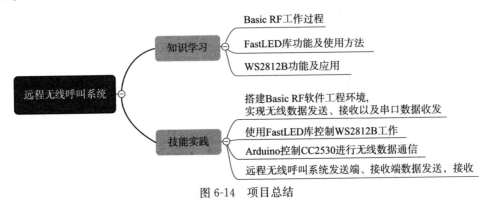

图 6-14　项目总结

项目 7
设计智能蓝牙门锁

项目导入

某公司准备为展览馆开发一套智能门锁系统,为进入展览馆人员提供一次性密码。由于人员具有随机性,不适用指纹、人脸识别等方式。经研讨,公司决定采用蓝牙技术实现智能门锁方案,进入展览馆人员通过手机蓝牙连接门锁控制器,输入一次性密码进入。作为技术人员,请你根据公司现有硬件设备编写智能蓝牙门锁控制应用程序。

学习目标

(1) 理解 BLE 蓝牙协议栈工作过程。
(2) 能够使用 BLE-CC254x 软件包编写蓝牙 BLE 串口通信控制程序。
(3) 具备设计简单自定义应用协议能力。
(4) 能够使用 BLE 蓝牙模块与手机蓝牙调试助手连接并实现数据接收、发送。
(5) 能够使用自定义应用协议编写智能门锁测试程序。
(6) 具备严谨的程序开发、规范的代码测试工作态度,精益求精的产品功能、代码完善精神。

项目实施

任务 1 开发 Arduino 蓝牙驱动

任务解析

学生通过完成本任务,应能够了解 BLE 协议栈,使用 BLE-CC254x 软件包编写蓝牙 BLE 串口通信控制程序。

知识链接

一、蓝牙 BLE

蓝牙无线技术是全球使用广泛的无线标准之一，自蓝牙 4.0 规范开始，蓝牙标准进入低功耗时代。蓝牙 4.0 规范将传统蓝牙、高速蓝牙和低功耗蓝牙这 3 种规范合而为一。蓝牙 4.0 规范的核心是低功耗蓝牙（Bluetooth Low Energy），即蓝牙 BLE。

蓝牙 BLE 技术最大的特点是拥有超低的运行功耗和待机功耗，使用一粒纽扣电池可以连续工作数年，同时还有低成本、跨厂商兼容、百米以上超长传输距离、AES-128 安全加密等诸多特点，可应用于对成本和功耗都有严格要求的无线技术方案，如智能家居、智慧医疗等物联网领域。

TI 公司在推出 CC254x 系列单芯片的同时，开发了为 BLE 协议栈搭建的简单操作系统，使得该芯片与 BLE 协议栈完美结合，能够帮助用户设计出高弹性、低成本的蓝牙低功耗解决方案。

二、BLE 协议栈及 BLE‐CC254x‐1.3.2 软件包分析

BLE 协议栈要求通信双方按照共同约定标准进行数据的发送和接收，是低功耗蓝牙技术各层协议的集合，大部分代码不可见，以函数库的形式呈现，并向用户提供一些应用层 API（应用程序编程接口）。

蓝牙协议栈有很多版本，不同厂商提供的协议栈也有一定区别。TI 公司的蓝牙 BLE 协议栈提供了 NPI 层（网络处理接口），为用户实现主机与控制器之间的通信提供了支持。NPI 层定义的数据收发函数是 UART 串行通信接口，借助 NPI 层的 API 函数可以实现串行数据收发功能。

根据应用需求以及硬件芯片选用 TI 公司提供的蓝牙 4.0 BLE 协议栈，安装包名称为 BLE-CC254x-1.3.2。

从 TI 官网可下载该协议栈，默认安装路径为 C:\Texas Instruments\BLE-CC254x-1.3.2，协议栈文件结构如图 7-1 所示。

图 7-1　协议栈文件结构

协议栈内容说明如下：

（1）Accessories 文件夹，包含 Drivers、HexFiles 及 BTool 工具。BTool 是一个用于蓝牙设备调试的 PC 软件工具。

（2）Components 文件夹，蓝牙 4.0 BLE 协议栈核心源代码，包括底层 ble、硬件驱动层 hal、小型操作系统抽象层 osal、系统服务文件 services。

（3）Documents 文件夹，说明文档包括协议栈应用指南、协议栈 API 接口、示例工程说明等。

(4) Projects 文件夹,存放了 TI 公司提供的不同功能的工程示例。

使用 IAR Embedded Workbench 软件打开 C:\Texas Instruments\BLE-CC254x-1.3.2\Projects\ble\SimpleBLEPeripheral\CC2541DB.eww 工程文件,该工程为 BLE 从机示例,如图 7-2 所示。

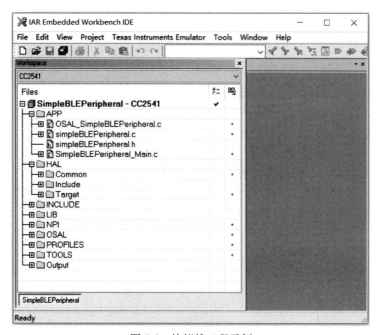

图 7-2 协议栈工程示例

CC2541 工程包含很多文件夹分组,如 APP 程序源代码和头文件、HAL 硬件抽象层源代码和头文件、OSAL 操作系统抽象层源代码和头文件等。一般情况下,需要修改的协议栈代码主要在 APP 和 PROFILES 文件夹中。

任务实施

任务实施前需准备好表 7-1 所列设备和资源。

表 7-1 设备清单表

序号	设备/资源名称	数量
1	Arduino IDE	1
2	Arduino 开发板	1
3	SPI 接口 OLED 显示屏	1
4	IAR Embedded Workbench 软件	1
5	CC2541 蓝牙模块	1
6	BLE 蓝牙助手 APP	1

本任务完成了在协议栈中添加串口收发功能。

具体实施步骤如下：

打开 C:\Texas Instruments\..\ble\SimpleBLEPeripheral\CC2541DB.eww 工程，在 Workspace 栏内选择 CC2541。

打开工程中 NPI 文件夹中的 npi.c 文件，文件中存放了串口初始化函数原型，函数定义如下：

```
1   void NPI_InitTransport(npiCBack_tnpiCBack)
2   {
3       halUARTCfg_tuartConfig;
4
5       // configure UART
6       uartConfig.configured= TRUE;
7       uartConfig.baudRate= NPI_UART_BR;
8       uartConfig.flowControl= NPI_UART_FC;
9       uartConfig.flowControlThreshold= NPI_UART_FC_THRESHOLD;
10      uartConfig.rx.maxBufSize= NPI_UART_RX_BUF_SIZE;
11      uartConfig.tx.maxBufSize= NPI_UART_TX_BUF_SIZE;
12      uartConfig.idleTimeout= NPI_UART_IDLE_TIMEOUT;
13      uartConfig.intEnable= NPI_UART_INT_ENABLE;
        uartConfig.callBackFunc= (halUARTCBack_t)npiCBack;
14      // start UART
15      // Note: Assumes no issue opening UART port.
16      (void)HalUARTOpen(NPI_UART_PORT,&uartConfig);
17      return;
18  }
```

该函数对 UART 串口的参数进行了初始化，包括波特率、流控、校验位等配置。

第 6 行，uartConfig.baudRate 波特率，被赋值为 NPI_UART_BR，右击 NPI_UART_BR，选择 Goto definition of NPI_UART_BR 命令可以查看波特率设置，默认为 115 200。工程文件中共定义了以下几种波特率：

```
# define HAL_UART_BR_9600    0x00
# define HAL_UART_BR_19200   0x01
# define HAL_UART_BR_38400   0x02
# define HAL_UART_BR_57600   0x03
# define HAL_UART_BR_115200  0x04
```

第 7 行，uartConfig.flowControl 硬件流控，默认是开启状态，一般情况需关闭该功能。右击 NPI_UART_FC，选择 Goto definition of NPI_UART_FC 命令，将宏定义 TRUE 修改为 FALSE。

添加预编译信息。在左侧 Workspace 栏选中 SimpleBLEPeripheral-CC2541 工程，右击打开 option，选择 C/C++Compiler→Preprocessor 命令，修改 POWER_SAVING 为 xPOWER_SAVING。添加 HAL_UART=TRUE、HAL_LCD=TRUE、LCD_TO_UART3 个编译选项。修改后的选项内容如图 7-3 所示。

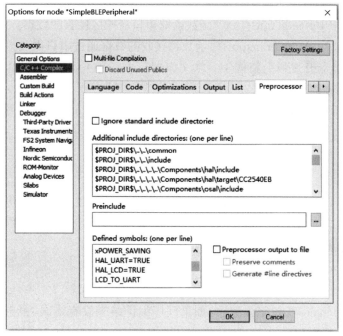

图 7-3 配置编译选项

在 simpleBLEPeripheral.c 文件中添加头文件语句 #include"npi.h";添加声明串口回调函数 static void NpiCallback(uint8 port,uint8 events);在初始化函数 void SimpleBLEPeripheral_Init (uint8 task_id)中添加 NPI_InitTransport(NpiCallback),并在后面添加一条上电提示 NPI_WriteTransport("BLE TxRx\n",9);在文件最后添加代码,具体如下:

```
1   static void NpiCallback(uint8 port,uint8 events)
2   {
3     (void)port;
4     uint8 numBytes= 0;
5     uint8 buf[128];
6     if (events & HAL_UART_RX_TIMEOUT) //串口是否有数据
7     {
8       numBytes= NPI_RxBufLen();//读串口缓冲区字节数
9       if(numBytes)
10      {
11        //从串口缓冲区读出 numBytes 字节数据
12        NPI_ReadTransport(buf,numBytes);
13        //将读出的 numBytes 字节数据在串口打印
14        NPI_WriteTransport(buf,numBytes);
15      }
16    }
17  }
```

第 6 行，判断串口事件是否有接收数据。

第 12 行，调用 NPI_ReadTransport()函数读取串口缓冲区接收的数据。

第 14 行，调用 NPI_WriteTransport()函数将接收的数据通过串口再次打印。

TI 公司的官方蓝牙开发板上集成了一块 LCD 屏，本任务 CC2541 蓝牙模块未使用 LCD，可以利用 UART 输出调试信息。

在左侧 Workspace 栏内选择 HAL→Target→Drivers→hal_lcd.c 文件，添加头文件：

```
# ifdef LCD_TO_UART
# include"npi.h"
# endif
```

找到 void HalLcdWriteString (char * str, uint8 option)函数，在内部添加：

```
# ifdef LCD_TO_UART
NPI_WriteTransport((uint8* )str,osal_strlen(str));
NPI_WriteTransport ("\n",1);
# endif
```

单击工具栏中的 make 按钮编译程序，如果程序编译结果没有错误，单击工具栏中的 Download and Debug 按钮下载程序。

打开串口调试助手软件验证程序，如图 7-4 所示。

图 7-4　串口调试助手软件验证程序

任务扩展

查阅资料，了解基于 BLE 协议栈的主机与从机无线通信过程，并修改程序代码实现主机与从机无线通信。

任务 2　调试智能蓝牙门锁系统

任务解析

学生通过完成本任务,应理解蓝牙 BLE 进行无线通信数据发送与接收的工作过程,能够编写 Arduino 控制蓝牙 BLE 模块工作的程序代码。

知识链接

随着工业控制、计算机、通信等技术的发展,在进行信息传递过程中,产生了有线、无线的各类通信协议、标准,如 TCP 网络协议、RS-485 有线通信标准、CAN 总线标准等,即为通信或服务所遵循的规则和约定。标准协议由公司、联盟、协会等为解决某一专门领域问题而开发,优点是完整、规范、通用,任意公司、用户基于标准协议开发的产品、应用都可以无缝对接。自定义协议一般由个人用户、公司针对特定场景设计,优点是灵活、精简,只要通信双方约定好数据结构即可,但也存在有漏洞、有缺陷、不通用等问题。

在进行智能蓝牙门锁开发过程中,设计自定义通信协议内容示例如下。

1. 蓝牙 BLE 设定指令

(1)0xAA 0xE1 0xBB 读取时间。
(2)0xAA 0xE1 0x5A YearHYearL Month Day Hour Minute Second 0xBB 设定时间。
(3)0xAA 0xE3 0xBB 读取 BLE 名称。
(4)0xAA 0xE3 0x5A NAME * 12 0xBB 设定 BLE 名称(会保存)。
(5)0xAA 0xEF 0x5A 0xBB 重新启动(设定 BLE 名称需重新启动)。
(6)0xCC CMD DATA … 0xDD 回应格式。

2. 蓝牙锁通信协议

(1)测试命令:开锁 0x02 0xF1;闭锁 0x02 0xF2。
(2)装置信息,锁具装置信息通信协议见表 7-2。

表 7-2　锁具装置信息通信协议

HEAD		DATA				
STX	CMD	MODEL	DOOR	BATTERY	USERS	S/N
1 Byte	1 Byte	2 Byte	1 Byte	1 Byte	1 Byte	4 Byte
0x01	0x01	0x09 0x01	0x01	100	2	0x11 0x11 0x11 0x11

STX:起始码固定=0x01。
CMD:指令装置信息=0x01。
MODEL:锁具机型。
DOOR:门位状态。0x00 表示未知;0x01 表示上锁;0x02 表示开锁。

BATTERY：锁具电量(0～100)。
USERS：用户数(0～20)。
S/N：锁具序列号。
(3)开关锁，手机到锁具控制通信协议见表7-3。

表7-3 手机到锁具控制通信协议

HEAD		DATA
STX	CMD	CODE
1 Byte	1 Byte	4 Byte
0x02	0x11 或 0x12 或 0x13 或 0x14	0x12 0x34 0x56 0xFF

STX：起始码固定＝0x02。
CMD：指令。0x01 表示开锁；0x12 表示上锁；0x13 表示检查；0x14 表示开关锁。
CODE：主人码或用户码。例如，主人码 123456，则格式为 0x12 0x34 0x56 0xFF。
(4)开关锁，锁具到手机反馈锁具状态通信协议见表7-4。

表7-4 锁具到手机反馈锁具状态通信协议

HEAD		DATA	
STX	CMD	MASTER	STATUS
1 Byte	1 Byte	1 Byte	1 Byte
0x01	0x11 或 0x12 或 0x13 或 0x14	0 或 1 或 2	0x00 或 0x11 或 0x12 或 0x13

STX：起始码固定＝0x01。
CMD：指令。0x01 表示开锁；0x12 表示上锁；0x13 表示检查；0x14 表示开关锁。
MASTER：是否为主人。0 表示用户；1 表示主人；2 表示都不是。
STATUS：状态。0x00 表示失败；0x11 表示开锁成功；0x12 表示上锁成功；0x13 表示检查成功。
(5)修改主人，增加、删除密码，手机设置锁具通信协议(主人码允许设置)见表7-5。

表7-5 手机设置锁具通信协议

HEAD		DATA	
STX	CMD	MASTER	NEW CODE
1 Byte	1 Byte	1 Byte	1 Byte
0x01	0x21 或 0x22 或 0x23	0x12 0x34 0x56 0xFF	0x12 0x34 0xFF 0xFF

STX：起始码固定＝0x02。
CMD：指令。0x21 表示修改主人；0x22 表示增加用户；0x23 表示删除用户。
MASTER：主人码。

NEW CODE：主人码或用户码。

(6) 修改主人，增加、删除密码，锁具到手机反馈修改结果通信协议见表 7-6。

表 7-6　锁具到手机反馈修改结果通信协议

HEAD		DATA
STX	CMD	STATUS
1 Byte	1 Byte	1 Byte
0x01	0x21 或 0x22 或 0x23	0x00 或 0x01 或 0x02 或 0x03

STX：起始码固定＝0x01。
CMD：指令。0x21 表示修改主人；0x22 表示增加用户；0x23 表示删除用户。
STATUS：状态。0x00 表示失败；0x01 表示指令成功；0x02 表示用户已满；0x03 表示已有该用户。

(7) 设定参数，手机设置参数通信协议（主人码允许设置）见表 7-7。

表 7-7　手机设置参数通信协议

HEAD		DATA			
STX	CMD	CODE	AUTO	BEEP	USER
1 Byte	1 Byte	4 Byte	1 Byte	1 Byte	1 Byte
0x02	0x31	0x12　0x34　0x56　0xFF	0 或 1	0 或 1	0 或 1

STX：起始码固定＝0x02。
CMD：指令。设定参数＝0x31。
CODE：主人码。例如，主人码为"123456"，则格式为 0x12 0x34 0x56 0xFF。
AUTO：自动上锁。0 表示取消自动上锁；1 表示 15 s 自动上锁。
BEEP：音量。0 表示静音；1 表示开启。
USER：是否允许其他用户。0 表示暂停使用者；1 表示恢复使用者，预设 1。

(8) 设定参数，锁具到手机反馈参数通信协议见表 7-8。

表 7-8　锁具到手机反馈参数通信协议

HEAD		DATA		
STX	CMD	AUTO	BEEP	USER
1 Byte	1 Byte	1 Byte	1 Byte	1 Byte
0x01	0x31	0 或 1	0 或 1	0 或 1

STX：起始码固定＝0x01。
CMD：指令。设定参数＝0x31。
AUTO：自动上锁。0 表示取消自动上锁；1 表示 15 s 自动上锁。

BEEP:音量。0表示静音;1表示开启。

USER:是否允许其他用户。0表示暂停使用者;1表示恢复使用者,预设1。

(9)出厂重置,手机设置出厂重置通信协议见表7-9。

表7-9 手机设置出厂重置通信协议

HEAD		DATA
STX	CMD	CODE
1 Byte	1 Byte	4 Byte
0x02	0x32	0x12 0x34 0x56 0xFF

STX:起始码固定=0x02。

CMD:指令。出厂重置=0x32。

CODE:主人码。例如,主人码为"123456",则格式为0x12 0x34 0x56 0xFF。

(10)出厂重置,锁具到手机反馈重置状态通信协议见表7-10。

表7-10 锁具到手机反馈重置状态通信协议

HEAD		DATA
STX	CMD	STATUS
1 Byte	1 Byte	1 Byte
0x01	0x32	0x00 或 0x01

STX:起始码固定=0x01。

CMD:指令。出厂重置=0x32。

STATUS:状态。失败表示0x00;成功表示0x01。

任务实施

任务实施前需准备好表7-11所列设备和资源。

表7-11 设备清单表

序号	设备/资源名称	数量
1	Arduino IDE	1
2	Arduino 开发板	1
3	SPI 接口 OLED 显示屏	1
4	IAR Embedded Workbench 软件	1
5	CC2541 蓝牙模块	1
6	1 W LED 模块	1
7	BLE 蓝牙助手 APP	1

要完成本任务，可以将实施步骤分成以下几步：
(1)使用手机端蓝牙调试助手与 Arduino 进行蓝牙通信。
(2)使用手机端蓝牙调试助手进行智能门锁功能测试。
具体实施步骤如下：

1. 使用手机端蓝牙调试助手与 Arduino 进行蓝牙通信

电路规划：使用 Arduino 开发板连接 BLE 蓝牙模块，BLE 蓝牙模块完成与手机蓝牙连接并实现数据接收、发送。

BLE蓝牙应用

程序代码如下：

```
1  //--------------------------------
2  # include <SoftwareSerial.h>
3  # include <OLED.h>
4  OLED myOLED;
5  SoftwareSerial mySerial(A1,A2);// RX,TX
6  //--------------------------------
7  void setup()
8  {
9    myOLED.begin(FONT_8x16);
10   mySerial.begin(9600);
11   Serial.begin(9600);
12   BLE_setName("BLE- 123456");
13   myOLED.println("BLE Receive/Send");
14  }
15  //--------------------------------
16  void loop()
17  {
18    uint8_t ch;
19    if (mySerial.available())
20    {
21      ch= mySerial.read();
22      myOLED.print('(');
23      myOLED.print(ch,HEX);
24      myOLED.print(')');
25      Serial.write(ch);
26    }
27    if (Serial.available())
28    {
29      ch= Serial.read();
30      myOLED.print('[');
31      myOLED.print(ch,HEX);
```

```
32       myOLED.print(']');
33       mySerial.write(ch);
34     }
35  }
36  //----------------------------------
37  void BLE_setName(char blename[])
38  {
39    int i,len;
40
41    mySerial.write(0xAA);
42    mySerial.write(0xED);
43    mySerial.write(0xBB);
44    delay(100);
45    mySerial.write(0xAA);
46    mySerial.write(0xE3);
47    mySerial.write(0x5A);
48    len=strlen(blename);
49    for(i=0;i<12;i++)
50    {
51      if(i<len)
52      {
53        mySerial.write((uint8_t)blename[i]);
54      }
55      else
56      {
57        mySerial.write(0x20);
58      }
59    }
60    mySerial.write(0xBB);
61    delay(200);
62    mySerial.write(0xAA);
63    mySerial.write(0xEF);
64    mySerial.write(0x5A);
65    mySerial.write(0xBB);
66    delay(200);
67    while(mySerial.available())
68    {
69      mySerial.read();
70    }
71  }
```

第 5 行，声明使用软件串口，TX、RX 引脚为 A1、A2，声明前需引用 SoftwareSerial.h 库。

第 12 行，初始化设置蓝牙模块名称为 BLE-123456，函数原型在第 37 行。

第 18 行，数据类型中带有"_t"，通常表示该数据类型通过 typedef 定义，并不是新的数据类型。uint8_t 一般由以下语句定义：

```
typedef unsigned char uint8_t
```

第 19 行，如果软件串口有接收数据，即蓝牙模块接收到手机端软件发送信息。

第 21 行，使用 Serial.read()函数读取字符信息。

第 22~24 行，在 OLED 显示屏上显示 ASCII 码字符的十六进制数据。

第 25 行，在硬件串口输出接收字符，可以通过串口监视器查看字符数据。

第 27 行，如果硬件串口有接收数据，即通过串口监视器向 Arduino 开发板发送字符数据。

第 29 行，读取串口监视器数据。

第 30~32 行，在 OLED 显示屏上显示 ASCII 码字符的十六进制数据。

第 33 行，在软件串口输出字符数据，即通过蓝牙模块向手机调试软件发送字符数据。

第 37~71 行，BLE_setName(char blename[])函数设置蓝牙模块名称。

连接蓝牙模块，下载程序代码到 Arduino 开发板，打开手机端 APP"BLE 蓝牙助手"，通过名称连接 BLE 蓝牙模块。在"蓝牙服务"界面按图标，打开 NOTIFY 通知，如图 7-5 所示。

选择"实时日志"，在输入栏输入 BLE Send，并选择发送格式为 us-ascii，按"发送"按钮，串口监视器接收到手机端发送数据；在串口监视器中输入 BLE Receive，单击"发送"按钮，手机端 BLE 蓝牙助手收到数据通知，显示结果如图 7-6、图 7-7 所示。

图 7-5 蓝牙调试助手设置

图 7-6 蓝牙调试助手显示结果

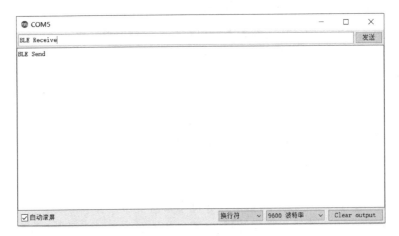

图 7-7 串口监视器显示结果

使用以下代码代替第 18～26 行代码。

```
1    String ch;
2    if(mySerial.available())
3    {
4      ch=mySerial.readString();
5      if(! ch.compareTo("02F1"))
6      mySerial.print("OPEN");
7      if(! ch.compareTo("02F2"))
8      mySerial.print("CLOSE");
9    }
```

程序将获得以下结果：在 APP 端输入"02F2"或"02F1"，Arduino 端接收数据并反馈 OPEN 或 CLOSE。

第 1 行，定义字符串变量 ch。

第 4 行，使用 readString()函数读取字符串数据。

第 5 行，使用 compareTo()函数比较字符串是否相等，如果相等返回 0，如图 7-8 所示。

2. 使用手机端蓝牙调试助手进行智能门锁功能测试

电路规划：使用 Arduino 开发板分别连接 BLE 蓝牙模块与 1 W LED 模块，BLE 蓝牙模块完成与手机蓝牙连接并实现数据接收、发送，1 W LED 模块模拟门锁开、关、检查等动作。

程序代码实现了接收手机端控制代码并根据控制代码要求实现相应功能，程序代码如下：

图 7-8 蓝牙调试助手显示锁具状态

```cpp
1   //--------------------------------
2   # include <SoftwareSerial.h>
3   # include <OLED.h>
4   OLED myOLED;
5   SoftwareSerial mySerial(A1,A2);//RX,TX
6   byte buf[20];
7   byte allUserbuf[76];
8   static byte master[5]={0x12,0x34,0x56,0xff};
9   static byte user[80];
10  static byte AUTO=0x00;
11  static byte BEEP=0x01;
12  static byte userEnable=0x01;
13  # define LED 5
14  //--------------------------------
15  void setup()
16  {
17    myOLED.begin(FONT_8x16);
18    mySerial.begin(9600);
19    Serial.begin(9600);
20    BLE_setName("BLE-123456");
21    myOLED.println("BLE Receive/Send");
22    pinMode(LED,OUTPUT);
23  }
24  //--------------------------------
25  void loop()
26  {
27    static bool openflag=0,userflag=0;
28    String ch;
29    char i;
30    if(mySerial.available())
31    {
32      mySerial.readBytes(buf,10);
33      if(buf[0]==0x02)
34        switch(buf[1]){
35          case 0xF1:
36            mySerial.print("open test");
37            break;
38          case 0xF2:
39            mySerial.print("close test");
40            break;
```

```
41        case 0x11:
42          if(buf[2]==master[0]&&buf[3]==master[1]&&
            buf[4]==master[2]&&buf[5]==master[3]){
43            myOLED.setPosi(2,0);
44            myOLED.print("Master Open");
45            digitalWrite(LED,HIGH);
46            openflag=1;
47            break;
48          }
49          for(i=0;i<80;){
50            if(buf[2]==user[i]&&buf[3]==user[i+1]&&
                  buf[4]==user[i+2]&&buf[5]==user[i+3]){
51              myOLED.setPosi(2,0);
52              myOLED.print("user Open");
53              digitalWrite(LED,HIGH);
54              openflag=1;
55              break;
56            }
57            i+=4;
58          }
59          break;
60        case 0x12:
61          if(buf[2]==master[0]&&buf[3]==master[1]&&
                  buf[4]==master[2]&&buf[5]==master[3]){
62            myOLED.setPosi(2,0);
63            myOLED.print("Master Close");
64            digitalWrite(LED,LOW);
65            openflag=0;
66            break;
67          }
68          for(i=0;i<80;){
69            if(buf[2]==user[i]&&buf[3]==user[i+1]&&
                        buf[4]==user[i+2]&&buf[5]==user[i+3]){
70              myOLED.setPosi(2,0);
71              myOLED.print("user Close");
72              digitalWrite(LED,LOW);
73              openflag=0;
74              break;
75            }
76            i+=4;
```

```
77          }
78          break;
79       case 0x13:
80          if(buf[2]==master[0]&&buf[3]==master[1]&&
                      buf[4]==master[2]&&buf[5]==master[3]){
81            myOLED.setPosi(2,0);
82            myOLED.print("Check");
83            for(i=0;i<5;i++){
84                 digitalWrite(LED,LOW);
85                 delay(200);
86                 digitalWrite(LED,HIGH);
87                 delay(200);
88            }
89            digitalWrite(LED,openflag);
90            break;
91          }
92          for(i=0;i<80;){
93            if(buf[2]==user[i]&&buf[3]==user[i+1]&&
                      buf[4]==user[i+2]&&buf[5]==user[i+3]){
94              myOLED.setPosi(2,0);
95              myOLED.print("Check");
96              for(i=0;i<5;i++){
97                 digitalWrite(LED,LOW);
98                 delay(200);
99                 digitalWrite(LED,HIGH);
100                delay(200);
101             }
102                digitalWrite(LED,openflag);
103                break;
104             }
105           i+=4;
106         }
107         break;
108       case 0x14:
109         if(buf[2]==master[0]&&buf[3]==master[1]&&
                      buf[4]==master[2]&&buf[5]==master[3]){
110           myOLED.setPosi(2,0);
111           myOLED.print("Open&Close");
112           digitalWrite(LED,HIGH);
```

```
113            delay(1000);
114            digitalWrite(LED,LOW);
115            delay(1000);
116            break;
117          }
118       for(i=0;i<80;){
119          if(buf[2]==user[i]&&buf[3]==user[i+1]&&
                     buf[4]==user[i+2]&&buf[5]==user[i+3]){
120            myOLED.setPosi(2,0);
121            myOLED.print("Open&Close");
122            digitalWrite(LED,HIGH);
123            delay(1000);
124            digitalWrite(LED,LOW);
125            delay(1000);
126            break;
127          }
128          i+=4;
129       }
130       break;
131    case 0x21:
132       myOLED.setPosi(2,0);
133       myOLED.print("modify master");
134       if(buf[2]==master[0]&&buf[3]==master[1]&&
                  buf[4]==master[2]&&buf[5]==master[3]){
135          master[0]=buf[6];
136          master[1]=buf[7];
137          master[2]=buf[8];
138          master[3]=buf[9];
139       }
140       else{
141          myOLED.setPosi(2,0);
142          myOLED.print("modify master fail");
143       }
144       break;
145    case 0x22:
146       myOLED.setPosi(2,0);
147       myOLED.print("modify user");
148       if(buf[2]==master[0]&&buf[3]==master[1]&&
                  buf[4]==master[2]&&buf[5]==master[3]){
149          user[userflag]=buf[6];
```

```
150        user[userflag+1]=buf[7];
151        user[userflag+2]=buf[8];
152        user[userflag+3]=buf[9];
153        userflag+=4;
154        if(userflag>=80){
155          mySerial.print("user is full:20");
156          myOLED.print("user is full:20");
157        }
158      }
159  break;
160  case 0x23:
161    myOLED.setPosi(2,0);
162    myOLED.print("delete user");
163    if(buf[2]==master[0]&&buf[3]==master[1]&&
                  buf[4]==master[2]&&buf[5]==master[3]){
164      for(i=0;i<80;){
165        if(buf[6]==user[i]&&buf[7]==user[i+1]&&
                    buf[8]==user[i+2]&&buf[9]==user[i+3]){
166          user[i]=0x00;
167          user[i+1]=0x00;
168          user[i+2]=0x00;
169          user[i+3]=0x00;
170        }
171        i+=4;
172      }
173    }
174  break;
175  case 0x24:
176    myOLED.setPosi(2,0);
177    myOLED.print("display all user");
178    if(buf[2]==master[0]&&buf[3]==master[1]&&
                  buf[4]==master[2]&&buf[5]==master[3]){
179      for(i=0;i<80;){
180        Serial.write(user[i]);
181        Serial.write(user[i+1]);
182        Serial.write(user[i+2]);
183        Serial.write(user[i+3]);
184        Serial.println();
185        i+=4;
186      }
187    }
```

```
188     break;
189 case 0x25:
190     myOLED.setPosi(2,0);
191     myOLED.print("set all user");
192     if(buf[2]==master[0]&&buf[3]==master[1]&&
                buf[4]==master[2]&&buf[5]==master[3]){
193       user[0]=buf[6];
194       user[1]=buf[7];
195       user[2]=buf[8];
196       user[3]=buf[9];
197       //共20组×4=80个数据,读取剩余76个
198       mySerial.readBytes(allUserbuf,76);
199       for(i=0;i<76;i++)
200             user[i+4]=allUserbuf[i];
201     }
202     break;
203 case 0x26:
204     myOLED.setPosi(2,0);
205     myOLED.print("delete all user");
206     if(buf[2]==master[0]&&buf[3]==master[1]&&
                buf[4]==master[2]&&buf[5]==master[3]){
207       for(i=0;i<80;i++)
208         user[i]=0x00;
209     }
210     break;
211 case 0x31:
212     myOLED.setPosi(2,0);
213     myOLED.print("set func");
214     if(buf[2]==master[0]&&buf[3]==master[1]&&
                buf[4]==master[2]&&buf[5]==master[3]){
215       AUTO=buf[6];
216       BEEP=buf[7];
217       userEnable=buf[8];
218     }
219     break;
220 case 0x32:
221     myOLED.setPosi(2,0);
222     myOLED.print("retseting");
223     if(buf[2]==master[0]&&buf[3]==master[1]&&
                buf[4]==master[2]&&buf[5]==master[3]){
224       AUTO=0x00;
```

```
225       BEEP=0x01;
226        userEnable=0x01;
227        for(i=0;i<80;i++)
228          user[i]=0x00;
229       }
230        break;
231   }
232 }
233   if (Serial.available())
234   {
235     ch=Serial.readString();
236     myOLED.print(ch);
237     mySerial.print(ch);
238   }
239 }
240 //-------------------------------------------
241 void BLE_setName(char blename[])
242 {
243   int i,len;
244
245   mySerial.write(0xAA);
246   mySerial.write(0xED);
247   mySerial.write(0xBB);
248   delay(100);
249   mySerial.write(0xAA);
250   mySerial.write(0xE3);
251   mySerial.write(0x5A);
252   len=strlen(blename);
253   for(i=0;i<12;i++)
254   {
255     if(i<len)
256     {
257       mySerial.write((uint8_t)blename[i]);
258     }
259     else
260     {
261       mySerial.write(0x20);
262     }
263   }
264   mySerial.write(0xBB);
265   delay(200);
```

```
266    mySerial.write(0xAA);
267    mySerial.write(0xEF);
268    mySerial.write(0x5A);
269    mySerial.write(0xBB);
270    delay(200);
271    while(mySerial.available())
272    {
273      mySerial.read();
274    }
275  }
```

第 6~9 行,定义接收数据数组及主人码{0x12,0x34,0x56,0xff}。

第 15~23 行,初始化 OLED、软件串口、硬件串口、BLE 蓝牙名称、1 W LED 引脚。

第 27 行,使用 static bool 定义标志位变量。Static 在本程序中为静态局部变量,即变量在全局数据区分配内存,在程序执行到该对象的声明处时被首次初始化,以后的调用不再进行初始化,每次的值保持到下一次调用,直到下一次赋新值。bool 为 Arduino 语言中定义的位变量。

第 32 行,使用 readBytes()函数读取手机端控制信息数据。本语句中 readBytes()函数读取 10 字节的数据放到 buf 数组中。

第 33 行,按照自定义蓝牙通信协议格式,判断首字节是否为固定起始码 0x02。

第 34 行,使用 switch 语句跳转到匹配第 2 个字节内容的 case 语句部分。控制指令参照自定义蓝牙通信协议有 0xF1、0xF2、0x11、0x12、0x13、0x14、0x21、0x22 等。

第 41~59 行,当 buf[1]内容为 0x11 时,执行该部分语句。参照自定义蓝牙通信协议,0x11 为开锁指令;buf[2]~buf[5]为主人码。

第 42 行,判断手机端传递的主人码与当前存储主人码数据是否完全相同,相同时执行第 43~47 行。

第 46 行,置位 openflag 标志位,用于储存当前 LED 状态。

第 47 行,因已执行开锁动作,使用 break 语句跳出当前 switch 语句。

第 49~59 行,用于用户码开锁时查找用户并开锁。

第 49 行,for 语句缺少表达式 3,由第 57 行代替,变量 i 每执行一次,变量值加 4,用于用户码查找(用户码共定义 20 组,每组 4 字节)。

第 50 行,与 for 语句结合进行用户码匹配。

第 55 行,如果执行到该 break 语句,即已找到匹配用户码,无须再继续匹配用户码,提前结束 for 循环。

第 59 行,当第 42、49 行语句找不到主人码和用户码时,跳出 switch 语句。

第 60~78 行,与第 41~59 行代码类似,完成关锁动作。

第 79~107 行,与第 41~59 行代码类似,执行检查动作。

第 89 行,将 LED 状态设置为 openflag 变量值。

第 108~130 行,与第 79~107 行代码类似,执行开、关锁动作。

第 131~144 行,参照自定义协议,修改为新主人码。

第 145~159 行,参照自定义协议,添加新用户码,在用户码超过 20 组时给出提示。

第 160~174 行,删除指定用户码。

第 175~188 行,显示全部用户码。由于 OLED 屏显示内容有限,将全部用户码按组通过硬件串口输出,可通过串口监视器查看。

第 189~202 行,设定 20 组用户码。由于第 32 行代码只读取 10 字节,后续 19 组字节数据共 76 字节数据由第 198 行 readBytes(allUserbuf,76)函数读取。

第 203~210 行,删除全部用户码。使用 for 语句将全部用户码置 0。

第 211~219 行,设定自动、蜂鸣器、允许用户码功能状态。

第 220~230 行,恢复出厂设置。将用户码清零、功能状态恢复到设定值。

第 233~238 行,接收硬件串口字符数据并发送到手机端(手机端需设置为 us-ascii 格式),可通过串口监视器输入数据。

打开手机端蓝牙调试助手 APP 并连接 BLE 蓝牙模块,输入符合自定义协议格式字节指令,Arduino 端完成 OLED 显示、LED 亮灭等相应动作,完成智能蓝牙门锁功能测试,如图 7-9 所示。

图 7-9 蓝牙调试助手控制锁具动作

任务扩展

(1)使用 mySerial.write()函数,按照自定义通信协议格式,补充锁具回传手机端信息程序代码。

(2)程序代码中,使用 switch 语句进行控制代码解析,并未对错误控制代码进行任何提示,请尝试补充错误提示。

(3)如何设计、添加硬件电路和修改程序代码,实现掉电保存主人码、用户码等数据以及实时时钟显示。

项目检查与评价

项目实施过程可采用分组学习的方式。学生 2~3 人组成项目团队,团队协作完成项目,项目完成后撰写项目设计报告,按照测试评分表(见表 7-12),小组互换完成设计作品测试,教师抽查学生测试结果,考核操作过程、仪器仪表使用、职业素养等。

表 7-12 智能蓝牙门锁测试评分表

	项目	主要内容	分数
设计报告	系统方案	比较与选择； 方案描述	5
	理论分析与设计	BLE-CC254x 软件包分析	5
	电路与程序设计	功能电路选择； 控制程序设计	10
	测试方案与测试结果	合理设计测试方案及恰当的测试条件； 测试结果完整性； 测试结果分析	10
	设计报告结构及规范性	摘要； 设计报告正文的结构； 图表的规范性	5
	项目报告总分		35
功能实现	正确搭建 BLE-CC254x 软件工程环境,实现蓝牙 BLE 串口通信控制数据收发		15
	正确设计自定义应用协议		10
	正确使用 BLE 蓝牙模块与手机蓝牙调试助手连接并实现数据接收、发送		10
	使用自定义应用协议实现 BLE 智能门锁功能		15
完成过程	能够查阅工程文档、数据手册,以团队方式确定合理的设计方案和设计参数		5
	在教师的指导下,能团队合作解决遇到的问题		5
	实施过程中的操作规范、团队合作、职业素养、创新精神和工作效率等		5
	项目实施总分		65

项目总结

通过智能蓝牙门锁的设计与实现,理解 BLE 蓝牙协议栈工作过程;掌握 String、bool 等 Arduino 语法知识;具备设计简单自定义应用协议及开发基于蓝牙的无线数据收发程序能力,如图 7-10 所示。

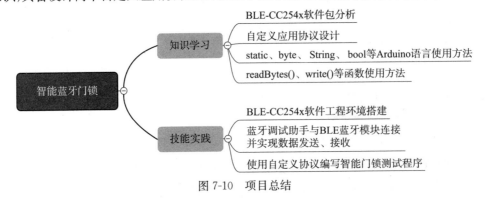

图 7-10 项目总结

附录 A
图形符号对照表

图形符号对照表见表 A-1。

表 A-1　图形符号对照表

序号	名称	软件中的画法	国家标准中的画法
1	发光二极管		
2	按钮开关		
3	电阻元件		
4	接地		
5	光电晶体管		

参考文献

[1] 马戈利斯. Arduino 权威指南:第 2 版[M]. 杨昆云,译. 北京:人民邮电出版社,2015.
[2] 李永华. Arduino 开源硬件概论[M]. 北京:清华大学出版社,2019.
[3] 李明亮. Arduino 技术及应用[M]. 北京:清华大学出版社,2020.
[4] 杨黎. 无线传感网络技术与应用项目化教程[M]. 北京:机械工业出版社,2018.
[5] 李兰英. 基于 Arduino 的嵌入式系统入门与实践[M]. 北京:人民邮电出版社,2020.
[6] 苏李果. 物联网组网技术应用[M]. 北京:机械工业出版社.2021.
[7] 赵桐正. Arduino 开源硬件设计及编程[M]. 北京:北京航空航天大学出版社,2021.